Kind und Umwelt

Ergebnisse einer empirischen Studie zum Umweltbewußtsein von Grundschülern

Europäische Hochschulschriften
Publications Universitaires Européennes
European University Studies

Reihe XI

Pädagogik

Série XI Series XI
Pédagogie
Education

Bd./Vol. 614

PETER LANG
Frankfurt am Main · Berlin · Bern · New York · Paris · Wien

Michael Gebauer

Kind und Umwelt

Ergebnisse einer empirischen Studie zum Umweltbewußtsein von Grundschülern

PETER LANG
Europäischer Verlag der Wissenschaften

Die Deutsche Bibliothek - CIP-Einheitsaufnahme

Gebauer, Michael:

Kind und Umwelt : Ergebnisse einer empirischen Studie zum Umweltbewußtsein von Grundschülern / Michael Gebauer. - Frankfurt am Main ; Berlin ; Bern ; New York ; Paris ; Wien : Lang, 1994
(Europäische Hochschulschriften : Reihe 11, Pädagogik ; Bd. 614)
Zugl.: Hannover, Univ., Diss., 1994
ISBN 3-631-46998-5

NE: Europäische Hochschulschriften / 11

D 89
ISSN 0531-7398
ISBN 3-631-46998-5

Vorwort

Die hier vorliegende Arbeit entstand im Rahmen eines Promotionsvorhabens am Fachbereich Erziehungswissenschaften I der Universität Hannover. Ich möchte nun an dieser Stelle all denen danken, die die Fertigstellung direkt oder indirekt gefördert haben, insbesondere

Herrn Prof. Dr. D. Bolscho (Universität Hannover) für die sorgfältige Betreuung der Dissertation und Herrn Dr. M. Wellenreuther (Universität Göttingen) für viele konstruktive Ratschläge und kritische Hinweise zu Konzeption und Durchführung der empirischen Anteile der vorliegenden Untersuchung,

meinem Lehrer, Herrn Prof. Dr. H. Duderstadt (†) (Universität Göttingen), dem ich die wichtigsten Impulse und Anregungen zur Beschäftigung mit diesem Forschungsfeld verdanke,

Herrn Prof. Dr. D. Eschenhagen (Universität Oldenburg), Herrn Prof. Dr. H. Seybold (Pädagogische Hochschule Ludwigsburg), Herrn Prof Dr. K. Lörcher (Universität Göttingen), Herrn K.P. Rohmann (Universität Göttingen) und Herrn Arnold Wagener (Göttingen) für ihre Hilfe und Beratung,

den Teilnehmern der Sitzungen der Arbeitsgruppe „Empirische Forschung zur Umwelterziehung" 1992 und 1993 am IPN in Kiel, insbesondere Herrn G. Eulefeld (Kiel), Herrn Prof Dr. E Zabel (Universität Rostock) und Frau A. Wehser (Neubrandenburg),

den beteiligten Schulleiterinnen und Schulleitern, Lehrerinnen und Lehrern, insbesondere Herrn Rektor R. Pirke (Drebber) und Frau Born (Göttingen), und den zahlreichen Schülerinnen und Schülern für die aktive Unterstützung bzw. Teilnahme an den Befragungen,

meinen Eltern, meiner Frau und meinen Kindern, die mich zur Durchführung und Fertigstellung dieser Arbeit ermutigt und mich, soweit dies eben möglich war, dabei unterstützt haben,

und der Friedrich-Naumann-Stiftung (Königswinter), die diese Arbeit durch ein Stipendium im Rahmen ihrer Graduiertenförderung überhaupt erst ermöglichte.

Inhalt

Seite

Seite

Seite

1. Einleitung

Umwelterziehung avancierte in den letzten zwei Jahrzehnten angesichts der sich zuspitzenden globalen Umweltkrise zu einem bedeutsamen Bildungsauftrag aller Schulformen und -stufen in den westlichen Industrienationen. Wesentliche Impulse bekam diese Entwicklung durch die von der UNESCO 1975 in Belgrad und 1977 in Tiflis durchgeführten zwischenstaatlichen Konferenzen, auf denen die zukünftigen Ziele und Inhalte der Umweltbildung erstmals als Konsens auf internationaler Ebene formuliert wurden. In der Bundesrepublik wurde diese neue Qualität der Diskussion zunächst im „Umweltgutachten 1978“ des Sachverständigenrates für Umweltfragen aufgegriffen und anschließend durch die Empfehlungen der Kultusministerkonferenz vom 17.10.1980 zu „Umwelt und Unterricht“ auch für die bundesdeutsche Bildungslandschaft relevant.

In der Folgezeit wurden auf verschiedenen Ebenen des Bildungssystems – z.B. der Lehrplanentwicklung, der Lehreraus- und -weiterbildung sowie der didaktischen und methodischen Forschung – Anstrengungen unternommen, um die nun offiziell formulierten Zielsetzungen inhaltlich-konzeptionell aufzuarbeiten (vgl. Eulefeld et al. 1981) und vor Ort, also an den Schulen selbst umzusetzen. Die Kultusministerien der einzelnen Bundesländer haben ihrerseits in die Rahmenrichtlinien und Lehrpläne der allgemeinbildenden Schulen sukzessive Umweltthemen integriert. Entsprechendes fand in den Schulbüchern und Unterrichtswerken der inhaltlich beteiligten Fachdisziplinen statt (Eulefeld et al. 1980; Haarmann 1987; Mitzlaff 1987).

Zu Beginn der 80er Jahre erfolgte im Zuge einer Neuorientierung der gesamtgesellschaftlichen Diskussion über die Ursachen und Folgen der globalen Umweltkrise auch eine Sichterweiterung in der Diskussion zur Umwelterziehung. Ausgehend von einer umfassenden und grundsätzlichen Kritik an der bis dahin vorherrschenden naturwissenschaftlich-technischen Orientierung bei der Rezeption und Aufarbeitung von Umweltthemen in den Fachdidaktiken der inhaltlich beteiligten Fächer (vgl. de Haan 1982; Koslowski 1989; Stipproweit & Bergemann 1991) ist die Umwelterziehung seitdem verstärkt zum Gegenstand sozialwissenschaftlicher und vor allem umweltpsychologischer Betrachtungen geworden (vgl. Fietkau & Kessel 1981). Im Verlauf dieser zweiten Phase der Etablierung der schulischen Umwelterziehung erfolgte somit eine inhaltliche und disziplinäre Ausweitung der bisher vorrangig naturwissenschaftlich orientierten Rezeption aktueller Umweltprobleme, und zwar um Aspekte der Ethik und Wertorientierung (Schreier 1986; Martens 1987; Senft & Zillessen 1988) und der musischen und literarischen Umweltwahrnehmung, um die historische Dimension von Umweltproblemen (Leidinger 1987) und eine kritische Analyse der politischen und ökonomischen Rahmenbedingungen der Umweltproblematik (Krol 1990; Ruppert 1984; Weinbrenner 1987). In der 1988 veröffentlichten Studie des Instituts für die Pädagogik der Naturwissenschaften an der Universität Kiel (IPN) zur „Praxis der Umwelterziehung in der Bundesrepublik Deutschland" (Eulefeld et al. 1988) fand diese Entwicklung auch im schulischen Bereich auf einer breiten empirischen Datenbasis Bestätigung:

> „...Gelegentlich zu hörende Vorwürfe, schulischer Umweltunterricht sei zu stark auf naturwissenschaftlich-technische oder sozialwissenschaftlich-gesellschaftliche Themenbereiche ausgerichtet, können durch unsere Daten nicht gestützt werden: die Themen streuen relativ gleichmäßig über beide Bereiche." (S. 168).

Die allmähliche Etablierung der Umwelterziehung verlief in den Schulformen und -stufen des bundesdeutschen Bildungssystems aufgrund jeweils spezifischer struktureller Rahmenbedingungen, Traditionen, Ressourcen und Bildungsziele bzw. -inhalte in dem beschriebenen Zeitraum allerdings mit unterschiedlicher Intensität und Geschwindigkeit.

So konnte sich die Umwelterziehung im Primarbereich bereits Ende der siebziger Jahre im Zuge der Institutionalisierung bildungsreformorientierter Postulate im Rahmen des Faches Sachunterricht relativ schnell als integratives Lernfeld etablieren. Im „Nationalen Bericht über die gegenwärtige Situation der Umwelterziehung in der Bundesrepublik Deutschland" vom Bundesminister des Innern von 1977 kommt dies zum Ausdruck:

> „Im Primarbereich sind Themen der Umwelterziehung als sozialkundliche und naturwissenschaftlich-technische Problemstellungen vor allem Gegenstand des Unterrichtsfaches Sachunterricht. Durch diese organisatorische Einheit ist schon auf der Primarstufe die interdisziplinäre Bearbeitung von Umweltfragen gesichert" (S. 24).

Anläßlich der Kultusministerkonferenz von 1982 wurde diese Feststellung erneut bestätigt:

> „In allen Ländern ist die Umwelterziehung etablierter Lernbereich der Grundschule. Erwartungsgemäß ist der Großteil der Ziele und Inhalte dieses Lernbereiches vom Sachunterricht aufgenommen worden, weist er doch naturwissenschaftlich-technische und gesellschaftspolitische Bezüge auf und bietet daher genügend Ansatzpunkte für die Behandlung von Umweltthemen" (S. 5).

Die hier beschriebene Entwicklung war zum wesentlichen Teil wiederum auf besondere strukturelle Rahmenbedingungen im Primarbereich zurückzuführen. Zum einen bot sich das Fach Sachunterricht als integratives Zentrierungsfach umweltpädagogischer Inhalte an. In vielen Themenbereichen konnte es zudem an die naturkundliche Tradition innerhalb des Heimatkundeunterrichts anknüpfen, umweltpädagogisch relevante Themengebiete und Arbeitsformen der inhaltlich beteiligten Fächern curricular zusammenfassen und unterrichtspraktisch aufarbeiten. Zum anderen erleichterten einige schulformspezifische Rahmenbedingungen, wie z.B. das in der Grundschule vorherrschende „Klassenlehrer-Prinzip“, und die daraus resultierende Flexibilität bei der Unterrichtsgestaltung die Integration umwelterzieherischer Aspekte. Bolscho stellte daher bereits 1986 im Hinblick auf die Grundschule fest, daß es „kaum weiterer Bemühungen bedarf, Umwelterziehung in ihren Zielen und Inhalten zu legitimieren und ausweiten zu wollen“ (S. 16). Eine vergleichbare Entwicklung der schulischen Umweltbildung im Primarbereich des Bildungssystems westlicher Industriestaaten konstatiert z.B. Airey (1982) für Großbritannien:

> “Primary schools, with their very free time-tabling and increasing use of the integrated approach, were perhaps the first, followed by the eleven-to-thirteen age range” (S. 85).

Gesing & Lob (1991) kennzeichnen in ihrem einleitenden Beitrag zum interdisziplinären Kompendium „Umwelterziehung in der Primarstufe“ die gegenwärtige Situation in der Bundesrepublik also zweifellos zutreffend, wenn sie schreiben:

> „Der Sachunterricht in der Grundschule – und sehr randlich auch das Fach Religionslehre – haben die epochale Bildungsaufgabe Umwelterziehung frühzeitig erkannt, entsprechende Inhalte den Lebensbezügen der jungen Menschen zugeordnet und handlungsorientiert aufgebaut. Damit wurde der Lernbereich Bahnbrecher für diese neue Aufgabe“ (S. 11).

Der derzeitige Stand der Umweltbildung im Primarbereich wird von den Autoren jedoch durchaus kritisch bewertet:

> „Trotz einiger wertvoller Ansätze engagierter Lehrerinnen und Lehrer, die sich um eine angemessene Verankerung von Umweltthemen möglichst in vielen Fächern bemühen, ist die Umwelterziehung in der Primarstufe noch nahezu ganz in der ersten, fast rein naturkundlich geprägten Phase steckengeblieben. Die mächtige Dominanz dieser Themen im Sachunterricht und die meist rein naturwissenschaftliche Prägung der bisherigen Protagonisten schulischer Umwelterziehung haben nur wenige andere Ansätze neben sich aufkommen lassen. Wie in der Sekundarstufe, so wurde auch in der Grundschule der alte Fortschrittsglaube an die Machbarkeit der Naturwissenschaft in der schulischen Umwelterziehung festgeschrieben“ (S. 9).

Diese Feststellung offenbart einen deutlichen Widerspruch zwischen den umfassenden und weitgehenden Ansprüchen und Bildungszielen der Umweltbildung einerseits und der von den Autoren beschriebenen Grundschulwirklichkeit andererseits. Sie führen als empirische Grundlage für ihre Kritik jedoch lediglich die bereits zitierte IPN-Studie von 1988 (Eulefeld et al.) an, deren Ergebnisse für den Primarbereich mit einem Stichprobenumfang von n = 30 jedoch allenfalls die Formulierung erster Hypothesen rechtfertigen. Trotz einiger Folgeuntersuchungen zur Situation der Umweltbildung in der Primarstufe (z.B. Hellberg-Rode 1992; Stipproweit et al. 1992), die die Ergebnisse der IPN-Studie tendenziell bestätigen, besteht gegenwärtig zweifellos noch ein Defizit an gesicherten empirischen Befunden zur Praxis der schulischen Umwelterziehung in der Primarstufe.

Der Umwelterziehung in der Grundschule wird einerseits aufgrund ihrer propädeutischen Funktion, andererseits aufgrund entwicklungspsychologischer Erkenntnisse eine besondere Bedeutung im Prozess des Bildungserwerbs im Rahmen der individuellen Schulbiographie zuerkannt, insbesondere was die nachhaltige Ausbildung von Einstellungen, Werthaltungen und Verhaltensweisen anbelangt. Diese Sichtweise kommt in den 1987 vom „Arbeitskreis Grundschule" herausgegebenen „Empfehlungen zur Umwelterziehung in der Grundschule" zum Ausdruck:

> „Weil die Grundschule die grundlegende Stufe des Schulwesens ist und weil die Kinder sie ‚in jenen Jahren, wo die Seele sich bildet' (Fontane) besuchen, sind hier einerseits Unterlassungen der Umwelterziehung besonders folgenschwer, andererseits haben wir hier die große Chance, daß sich durch unsere Hilfe in den Kindern empfindsames, überlegtes und verantwortungsvolles Umweltverhalten entwickelt. Den Verantwortlichen wird daher empfohlen, bei den notwendigen Bemühungen um eine Verbesserung der Umwelterziehung als erstes die Grundschule zu bedenken" (Schwarz 1987, S. 4).

Diese Äußerung, die sich sinngemäß in zahlreichen Veröffentlichungen zur Umwelterziehung in der Primarstufe finden läßt (z.B. Staatsinstitut für Schulpädagogik und Bildungsforschung (ISB) 1992), fußt auf Erkenntnissen der von einigen Entwicklungspsychologen wie Piaget oder Cobb entwickelten Phasenlehren, nach der Schüler in gewissen „sensiblen" oder „prägungswirksamen" Phasen ihrer Entwicklung besonders empfänglich für die Ziele der Umweltbildung, für die Natur an sich seien:

> "There is a special period, the little understood, prepubertal, halcyon, middle age of childhood, approximately from five or six to eleven or twelve – beetween the strivings of animal infancy and the storms of adolescence – when the natural world is experienced in some highly evocative way, producing in the child a sense of some profound continuity with natural processes and presenting overt evidence of a biological basis of intuition" (Cobb 1969, S. 123f.)

Viele Umweltpädagogen leiten daraus die Folgerung ab, daß gerade das Grundschulalter eine entscheidende Phase darstelle, in der umweltpädagogische Lernprozesse nachhaltige Wirkungen zeitigen. Die Annahme einer derartigen „Infantildetermination der Entwicklung" (Dollase 1991) ist bisher wissenschaftlich jedoch noch nicht hinreichend geklärt:

> „Bezogen auf die Umwelterziehung liegt (...) die Vermutung nahe, daß die im Grundschulalter vermittelten Umwelteinstellungen und Wertüberzeugungen womöglich in späteren Jahren wieder schnell geändert werden. Allerdings weiß man es nicht: es fehlen Längsschnittuntersuchungen zur Stabilität von Umwelteinstellungen völlig" (S. 38f.).

Es gibt bisher für diese Altersstufe auch auf internationaler Ebene keine empirischen Untersuchungen, die einen theoretisch fundierten Überblick über Struktur und Genese sowie die Determinanten des kindlichen Umweltbewußtseins dieser Altersstufe bieten. Dies mag unter anderem ein Grund dafür sein, warum es bisher im Bereich der Umwelterziehung kaum einen fruchtbaren Austausch zwischen empirischer Forschung und der Arbeit vor Ort gibt. Die Ursachen hierfür mögen vielschichtig und komplex sein, über mögliche Konsequenzen sollte man nachdenken. Festzustellen bleibt, daß die Diskussion über Belange der schulischen Umwelterziehung (nicht nur) in der Primarstufe zumindest in der Bundesrepublik bisher weitgehend ohne empirische Fundierung auf der Grundlage von vermeintlich verallgemeinerbaren Einzelwahrnehmungen, ideellen Überzeugungen und affirmativen Reflexionen geführt wird. Heinrich Roths Ausführungen über die „realistische Wendung in der Erziehungswissenschaft" im ersten Band der „Pädagogischen Anthropologie" (Roth 1966) lassen sich in diesem Sinne durchaus auf die gegenwärtige Situation beziehen:

> „Empirische Forschung muß, wie jede pädagogische Forschung, von einer für die Freiheit des Menschen mitverantwortlichen Erziehungswissenschaft betrieben werden, aber sie hat die Chance, den Widerspruch zwischen Ideal und Wirklichkeit zu enthüllen, die Illusion unserer pädagogischen Schönfärberei aufzudecken, sie kann mithelfen – wie Plessner es für die Soziologie sagt –, ‚die Knechtschaft unter der Tyrannei der falschen Worte' zu brechen" (S. 99).

Die steigende Zahl von Veröffentlichungen der beteiligten Fachdidaktiken, der Entwicklungspsychologie (Dollase 1991; Götte 1987) und der Erziehungswissenschaften zur schulischen Umwelterziehung im Primarbereich zeugt gegenwärtig jedoch von einer wachsenden Sensibilität für die spezifischen Bedingungen und Belange dieser Schulstufe. Demgegenüber ist die Zahl der bisher im deutschsprachigen Raum erschienenen empirischen Studien (fach-)didaktischer, erziehungswissenschaftlicher oder umweltpsychologischer Provenienz, die Erkenntnisse zur besonderen Situation der Umweltbildung in der Grundschule vermitteln, wie bereits ausgeführt, ausgesprochen gering. Dieser Umstand wird häufig mit methodischen Schwierigkeiten bei Befragung von Kindern dieses Alters begründet (z.B. Braun 1987; Koblinger 1992). Einige anspruchsvolle skandinavische (z.B. Aho 1984; Aho et al. 1989) und amerikanische Studien (z.B. Bunting & Cousins 1985; 1987) haben jedoch gezeigt, daß bereits mit Grundschülern umfangreichere empirische Untersuchungen sowohl qualitativer als auch quantitativer Art durchführbar und ergiebig sein können. Diese Erkenntnis ermutigt dazu, auch in der Bundesrepublik eine empirische Studie zu konzipieren, die gegenwärtig relevante Fragestellungen und Aspekte der Umwelterziehung in der Primarstufe zum Inhalt hat. Welche Fragestellungen sind nun vor dem Hintergrund der bisher vorliegenden Erkenntnisse von Interesse?

Zum einen zeigen die gegenwärtig vorliegenden Forschungsergebnisse in Ansätzen, welche didaktischen Konzeptionen, methodischen Umsetzungsstrategien und schulischen Strukturen bzw. Rahmenbedingungen auf eine pädagogisch wünschenswerte Umwelterziehung fördernd oder hemmend wirken können. Der derzeitige Forschungsstand zu diesem Bereich erlaubt es mithin, schulische Umwelterziehung auch in der Primarstufe hinsichtlich ihrer Qualität zu bewerten. Diese Erkenntnis legt es nahe, eine „Wirkungsstudie" zu konzipieren, die der Frage nachgeht, ob bzw. in welchem Maße die Grundschule als Institution überhaupt in der Lage ist, die komplexe Zukunftsaufgabe Umwelterziehung erfolgreich zu lösen. Ferner ist zu fragen, welche außerschulischen Einflußfaktoren schulische Lernprozesse in diesem Bereich beeinflussen. Im Rahmen der vorliegenden empirischen Studie werden somit folgende zentralen Fragestellungen behandelt:

1) Hat die gegenwärtig praktizierte schulische Umwelterziehung im Primarbereich einen erkennbaren Einfluß auf das Umweltbewußtsein, also auf Wissen, Einstellungen und Handeln der Schüler?

Zu dieser Fragestellung liegen im deutschsprachigen Raum bisher keine empirischen Studien vor. Andererseits „besteht ein gesellschaftliches und speziell bildungspolitisches Interesse, den Stellenwert der Schule beim Aufbau des Umweltbewußtseins zu bestimmen" (Bolscho 1989, S. 12). Umweltbewußtsein wird in diesem Zusammenhang verstanden als ein interdependentes Konstrukt mit den Dimensionen umweltrelevantes Wissen, umweltbezogene Einstellungen und umweltorientiertes Handeln. Da die Schule jedoch nur eine Instanz von vielen im Rahmen des individuellen Sozialisations- bzw. Enkulturationsprozesses ist, ist es sowohl forschungsmethodisch als auch erkenntnistheoretisch notwendig, weitere potentielle Einflußfaktoren zu berücksichtigen. Aus dieser Erkenntnis leiten sich die nächsten beiden Fragestellungen ab:

2) Welchen Einfluß haben außerschulische Einflußfaktoren demographischer Art wie Alter, Geschlecht, Wohnort (Stadt vs. Land) und Bildungssituation des Elternhauses auf das Umweltbewußtsein von Kindern?

3) Welchen Einfluß haben ferner umweltrelevante Aspekte des Freizeit- und Medienverhaltens auf das Umweltbewußtsein von Grundschülern?

Diese letzte Frage ist vor dem Hintergrund der aktuellen Diskussion über den derzeitigen und zukünftigen Stellenwert der Schule als staatlich organisierte Bildungseinrichtung zu sehen. Gegenwärtig ist in der Tat „ein epochaler Wandel von Kindheit und Jugend zu beobachten, der die Anforderungen an die Schule und die Bildung der Zukunft stark verändert" (Holtappels 1991, S. 1). Der Autor weist in diesem Zusammenhang insbesondere auf mögliche Auswirkungen der „Mediatisierung" und des „Verlustes von Erfahrungsräumen in der Wohnumwelt" hin (S. 3f.).

Um Antworten auf diese zentralen Fragestellungen zu erhalten und um die aus den Fragestellungen sowie den bisher vorliegenden empirischen Befunden abgeleiteten Hypothesen zu prüfen, wird im Rahmen der vorliegenden Studie ein theoriegeleitetes empirisches Vorgehen gewählt. Besondere Berücksichtigung findet dabei das Kriterium der ökologischen Validität. Darunter ist zu verstehen, daß die Datenerhebung im Rahmen der vorliegenden Studie ein möglichst hohes Ausmaß an Wirklichkeitsnähe und Schulrelevanz aufweisen soll. Diese Forderung kann im Rahmen einer empirischen Untersuchung mit einem quasiexperimentellen Design zumindest ansatzweise erfüllt werden (vgl. Campbell & Stanley 1963).

Die Arbeit gliedert sich in die Darstellung, Zusammenfassung und Diskussion der bisherigen Forschungslage, die Darlegung der zugrundeliegenden Konzeption, die empirischen Anteile und deren Auswertung und Diskussion. Im folgenden wird der inhaltliche Aufbau der Arbeit kurz skizziert.

Der Zusammenfassung des bisherigen Forschungsstandes in Kapitel 2 vorangestellt ist eine Klärung der in dieser Arbeit verwendeten Terminologie (2.1.). Des weiteren wird ein Überblick über den gegenwärtigen Erkenntnisstand zum Umweltbewußtsein von Grundschülern sowie zu relevanten Einflußfaktoren gegeben (2.2.–2.3.). Am Ende von Kapitel 2 werden die zentralen Ergebnisse und Tendenzen der bisherigen Forschung zusammengefaßt (2.4.) und deren Defizite im Hinblick auf die Fragestellungen dieser Untersuchung diskutiert (2.5.).

In Kapitel 3 wird die Konzeption der Studie dargestellt. Zunächst werden die abhängigen Variablen entwickelt (3.1.). Im Anschluß werden Kriterien für die Hypothesenformulierung diskutiert und die Hypothesen formuliert (3.3.). Danach werden Design (3.4.) sowie Versuchsplan und Stichprobe (3.5.) erläutert, die verwendeten Erhebungsinstrumente vorgestellt (3.6.) und abschließend Organisation und Durchführung der empirischen Anteile der Arbeit beschrieben (3.7.).

Kapitel 4 stellt die Ergebnisse der Lehrerbefragung dar (4.1. bis 4.4.). Diese werden am Ende zusammengefaßt (4.5.). In Kapitel 5 werden die Kriterien für die Bildung der Stichprobe für die Schülerbefragung erläutert.

Kapitel 6 umfaßt die Darstellung der Ergebnisse der Schülerbefragung. Vorangestellt werden zunächst Ausführungen über Entwicklung und Evaluation des Schülerfragebogens (6.1.) und über die praktische Durchführung der Befragung (6.2.). Die Ergebnisdarstellung selbst ist in zwei Teile gegliedert. Der erste umfaßt die Befunde zum umweltrelevanten Freizeit- und Medienverhalten der befragten Schüler (6.3.1. und 6.3.2.3). Er endet mit einem faktorenanalytischen Modell der in diesem Zusammenhang berücksichtigten inhaltlichen Aspekte (6.4.). Der zweite referiert die Ergebnisse zu den Variablen des Umweltbewußtseins (6.5. bis 6.5.4.2.). Dieser Teil endet mit einer faktorenanalytischen Prüfung des der Studie zugrundeliegenden Konstruktes „Umweltbewußtsein" (6.6.).

In Kapitel 7 wird der Einfluß der unabhängigen Variablen (Geschlecht, Herkunft (Stadt vs. Land), Bildungssituation des Elternhauses, Klassenstufe sowie Umfang und Qualität der Umwelterziehung) auf die Dimensionen des Umweltbewußtseins, also auf das umweltrelevante Wissen (7.1.), auf die umweltbezogenen Einstellungen (7.2.) und das umweltorientierte Handeln (7.3.) varianzanalytisch geprüft und im Anschluß daran vergleichend diskutiert (7.4.). Das Kapitel endet mit einer korrelationsstatistischen Prüfung der Dimensionen des Umweltbewußtseins (7.5.).

Zum Schluß der Arbeit werden in Kapitel 8 die Untersuchungsbefunde zusammengefaßt und bewertet. Nach einem kurzen Rückblick auf Ausgangslage, Ziel, Methode und Durchführung der Untersuchung (8.1.) folgen die zentralen Untersuchungsbefunde und ihre Interpretationen (8.2.). Zum Abschluß werden Überlegungen und Anregungen für die weitere empirische Forschung diskutiert (8.3.). Der Anhang enthält die verwendeten Materialien und Fragebögen.

2. Forschungsstand zur Umwelterziehung in der Grundschule

2.1. Begriffliche Klärungen

In der vorliegenden Untersuchung werden die Begriffe „Umwelterziehung“ und „Umweltbewußtsein“ verwendet. Da hinsichtlich des Verständnisses dieser Begriffe selbst in der einschlägigen Literatur keine Übereinkunft besteht, erscheint es an dieser Stelle sinnvoll zu präzisieren, welche Voraussetzungen, Annahmen und theoretischen Konzeptionen der Verwendung dieser Begriffe in den folgenden Ausführungen zugrundeliegen.

2.1.1. Umwelterziehung

Die weltweite Diskussion um eine ökologisch ausgerichtete Bildung und Erziehung wurde maßgeblich von der UNESCO initiiert. In der „Charta von Belgrad“ wurden 1975 die zukünftigen Ziele und Inhalte der Umwelterziehung erstmals als Konsens auf internationaler Ebene formuliert:

> “The goal of environmental education is to develop a world population that is aware of, and concerned about, the environment and its associated problems, and which has skills, attitudes, motivations and commitment to work individually and collectively towards solutions of current problems and the prevention of new ones” (S. 3).

1978 fand als Übersetzung des englischen Begriffes „environmental education“ der Begriff „Umwelterziehung“ über die „Münchner Empfehlungen zur Umwelterziehung“ Eingang in das deutsche Bildungswesen. Die Kultusministerkonferenz vom 17.10.1980 formulierte im Anschluß erstmals einheitliche Zielsetzungen für die Umwelterziehung an allgemeinbildenden Schulen. Diese lassen sich im wesentlichen folgendermaßen zusammenfassen:

> „Der Schüler soll durch gezielte Beobachtung und Untersuchung Einblick in die ökologischen Zusammenhänge und in die Ursachen von Umweltbelastungen bekommen, dabei die ursächlichen Verflechtungen ökologischer, ökonomischer und gesellschaftlicher Einflüsse erkennen und befähigt werden, im Rahmen seiner Rechte und Pflichten als Bürger an der Sicherung unserer natürlichen Lebensgrundlagen mitzuwirken. Diese durchaus gesamtgesellschaftliche Aufgabe sollte aber auch geprägt sein von einer sorgfältigen Abwägung ökonomischer und ökologischer Gesichtspunkte.“ (Kultusministerkonferenz 1980, S. 182)

Es heißt ferner, die Schule solle „die Bereitschaft für den verantwortlichen Umgang mit der Umwelt fördern und zu einem umweltbewußten Verhalten erziehen, das über die Schulzeit hinaus wirksam bleibt“ (S. 182).

Diese Ausführungen enthalten sowohl eine inhaltliche Konzeption von Umwelterziehung als auch eine Zielvorgabe in dem Sinne, daß durch schulische Umwelterziehung eine positive Veränderung von Wissen, Einstellungen und Handlungsbereitschaft bei den Schülern bewirkt werden soll, ohne daß diese Zielvorgabe in den Empfehlungen weitergehend konkretisiert wird.

Die UNESCO-Konferenzen von Belgrad 1975 und Tiflis 1977 beeinflußten auch in der Bundesrepublik die Arbeit an einer inhaltlich konsistenten Konzeption von Umwelterziehung (Eulefeld & Kapune 1979). Diesen Anspruch konnte das in der Folgezeit von Eulefeld et al. (1981) entwickelte didaktische Konzept „Ökologie und Umwelterziehung“ weitgehend erfüllen. Es setzt sich aus drei Komponenten zusammen: 1) „gegenständliche Teilsysteme“, 2) „Aussagesysteme zu unterschiedlichen Wissensbereichen“ und 3) „ökologische Thematisierungsgesichtspunkte“. Diese sollen im folgenden kurz dargestellt werden:

Die Komponente „gegenständliche Teilsysteme“ meint, daß sich schulische Umwelterziehung auf „mehr oder weniger gut abgrenzbare Bereiche der Biosphäre“ beziehen solle, die „durch die besondere Beeinflussung durch den Menschen gekennzeichnet“ sind (S. 70), und deren Bearbeitung lokale und globale Einblicknahme in die Gestaltung der Biosphäre durch den Menschen erlauben. Ferner ist es „unter didaktischen Aspekten (...) wichtig, daß in gegenständlichen Teilsystemen Fragen des Umweltschutzes vorkommen und daß diese Bereiche für Schüler erfahrbar sind“ (Eulefeld et al. 1988, S. 15).

Die zweite Komponente besagt, daß „schulischer Unterricht zur Umwelterziehung zur Erklärung gegenständlicher Teilsysteme Aussagesysteme aus unterschiedlichen Wissensbereichen heranziehen (muß)“ (S. 15). Aussagesysteme lassen sich differenzieren in 1) wissenschaftliche Aussagen aus einer Disziplin oder aus mehreren Disziplinen (z.B. Methoden, Instrumente, Anfangssetzungen) und 2) außerwissenschaftliche Aussagen (z.B. Überlieferung/Traditionen, Erfahrungen, Alltagsbewußtsein).

Die dritte Komponente sagt aus, daß sich „schulischer Unterricht zur Umwelterziehung (...) von ökologischen Thematisierungsgesichtspunkten leiten lassen“ soll (S. 16). Sie stellen grundsätzliche ökologische Betrachtungs- und Erklärungsweisen und Handlungsformen dar, die sowohl für die Auswahl und Strukturierung von Unterrichtsinhalten als auch für die Durchführung des Unterrichts selbst von Bedeutung sind. Sie ergeben sich aus den Merkmalen ökologischer Systeme. Die grundlegende Einsicht, die dabei gewonnen werden soll, ist, daß

„ökologische Systeme durch das Beziehungsnetz ihrer Elemente gekennzeichnet sind und daß dabei ebenso selbstgesteuerte Prozesse in naturnahen Ökosystemen, als auch deren mögliche Veränderung durch menschliche Tätigkeiten beteiligt sind“ (Eulefeld et al. 1981, S. 88). In diesem Zusammenhang werden folgende Merkmale ökologischer Systeme unterschieden: 1) Vernetztheit, 2) Problemhaftigkeit, 3) Geschichtlichkeit und 4) Prozeßhaftigkeit (vgl. Eulefeld et al. 1988, S. 16).

Als Gegenentwurf zu der als „utilitaristisch“ kritisierten Umwelterziehung wurde die Konzeption der „Ökopädagogik“ zu Beginn der 80er Jahre maßgeblich von Beer und de Haan (1984; 1987) entwickelt. Die Protagonisten der „Ökopädagogik“ fassen die gegenwärtige Umweltkrise als ein Anzeichen für das Scheitern des „Konzepts Neuzeit“ auf, das in erster Linie durch das naturwissenschaftlich-technische Denken charakterisiert sei. Sie distanzieren sich daher sehr deutlich von der Industriegesellschaft als Verursacher der ökologischen Krise wie auch von der Herrschaft des Menschen über die Natur, und betonen in diesem Zusammenhang ausdrücklich die Autonomie und Unabhängigkeit der Pädagogik, die vor allem darin zu Ausdruck kommt, „daß Erziehung und Bildung unter dem Primat des Selbstzwecks der Lernenden stehen“ sollten (Beer & de Haan 1987, S. 33), sie dürften daher nicht im Dienste der technokratischen Gesellschaft stehen, um deren Fortbestand zu sichern, wie dies eben die Umwelterziehung als „pädagogisches Krisenmanagement“ bzw. „lerntechnokratisches Konzept“ leiste.

Der systemkritische Grundgedanke der „Ökopädagogik“ wurde von Mikelskis (1988) aufgenommen und unter dem Begriff der „ökologischen Bildung“ weiterentwickelt. Nach seiner Ansicht lassen sich alle „ökologischen Krisenerscheinungen unserer Zeit ... als Symptome ... dafür ansehen, daß wir als Menschen ... den Zusammenhang mit der Natur im Erleben, im Erkennen und im Handeln verloren haben“ (S. 106). Von diesem Ausgangspunkt her entwickelt er „sieben Elemente einer ökologischen Bildung“ die – verkürzt – folgendermaßen dargestellt werden können (zit. nach: Eschenhagen 1989, S. 45): Lernen aus Betroffenheit, Berücksichtigung der Geschichtlichkeit unserer heutigen Situation, Entwicklung der Sinne und Schulung der Wahrnehmung, ganzheitliches Lernen, Ausbildung der Urteilskraft, Handeln lernen und letztlich Orientierung auf eine phantasievolle Gestaltung der Zukunft. Es wird deutlich, daß das Konzept der „Ökologischen Bildung“ durchaus als produktive Synthese des theoretischen Ansatzes der „Ökopädagogik“ mit der praxisorientierten Konzeption der „Umwelterziehung“ aufzufassen ist. Eschenhagen hat in diesem Zusammenhang die sinnvolle und klärende Unterscheidung einer „Umwelterziehung im engeren und im weiteren Sinne“ vorgeschlagen:

> „Der begrifflichen Klarheit halber empfiehlt es sich, zwischen einer ‚Umwelterziehung im engeren Sinne‘ (Umweltschutzerziehung) und einer ‚Umwelterziehung im weiteren Sinne‘ zu unterscheiden. Bei dieser Sichtweise ist unbestritten, daß die Umwelterziehung i.e.S. den Kernbereich bildet, der keinesfalls vernachlässigt werden darf. Damit wird der Tatsache Rechnung getragen, daß der Anstoß zur Umwelterziehung aus der Erkenntnis der Begrenztheit der irdischen Ressourcen und der Gefahr der Zerstörung der Natur resultierte. Und es wird anerkannt, daß ein Richtziel der Umwelterziehung darin besteht, den Kindern und Jugendlichen ein der Umweltsituation angemessenes Umweltbewußtsein und eine entsprechende Handlungskompetenz zu vermitteln. Darüber hinaus geht es darum, den jungen Menschen zu ermöglichen und sie dazu anzuregen, sich ihrer Umwelt auch anders denn als Betroffene und Mitverursacher von Umweltbelastungen zu nähern: betrachtend, beobachtend, genießend, abbildend, gestaltend, pflegend“ (S. 45).

Im Rahmen der vorliegenden Untersuchung wurde im wesentlichen das von Eulefeld et al. entwickelte Konzept „Ökologie und Umwelterziehung“ als theoretisch-konzeptionelle Grundlage herangezogen, da es im Gegensatz zur „Ökopädagogik“ „relativ eindeutig dem Kontext der Regelschule ... zuzuordnen“ ist (Beer & de Haan 1987, S. 39) und sich daher auch für die empirsche Forschung zur schulischen Umwelterziehung – wie z.B. in der IPN-Studie von 1988 – als geeignet und tragfähig erwiesen hat. Berücksichtigt wurden ferner die Ausführungen von Mikelskis (1988) zur „Ökologischen Bildung“ (vgl. Kap. 4).

2.1.2. Umweltbewußtsein

Der Begriff Umweltbewußtsein hat gegenwärtig noch keine wissenschaftlich eindeutige Bestimmung erfahren (vgl. Fietkau 1984; 1987). Im vorigen Abschnitt konnte jedoch aufgezeigt werde, daß sowohl hinsichtlich der übergeordneten Lernziele umweltpädagogischer Bemühungen im Allgemeinen als auch in der empirischen Forschung zum Umweltbewußtsein insoweit Konsens besteht, daß Umweltbewußtsein eine Wissens-, eine Einstellungs- sowie eine Handlungsdimension umfaßt. Wir folgen daher den Ausführungen von Langeheine & Lehmann (1986), nach denen sich „Menschen dann als umweltbewußt charakterisieren (lassen), wenn sie sich durch bestimmte(s) 1) Umweltwissen, 2) Umwelteinstellungen und 3) Umweltverhalten auszeichnen“ (S. 10). Diese Definition deckt sich – bis auf die Verhaltenskomponente – weitgehend mit der 1978 vom Rat der Sachverständigen für Umweltfragen gegebenen Defintion (vgl. Fietkau & Kessel 1979) sowie den von der Kultusministerkonferenz 1980 formulierten Zielsetzungen schulischer Umwelterziehung (s.o.). In der vorliegenden Studie werden in Anlehnung an Urban (1987) für die drei genannten Dimensionen des Umweltbewußtseins die Oberbegriffe umweltrelevantes Wissen, umweltbezogene Einstellungen und umweltorientiertes Handeln verwendet. Eine weitergehende, aus inhaltlicher und methodischer Sicht erforderliche Untergliederung dieser Begriffe wird in Kapitel 3 im Zusammenhang mit der Darstellung der Konzeption der vorliegenden Studie vorgenommen.

Es sei jedoch angemerkt, daß Umweltbewußtsein im hier verwendeten Sinne nicht als „intraindividuell überdauernde Persönlichkeitseigenschaft angesehen werden kann“, sondern „...eher durch die wechselnden Lebenssituationen des Menschen als durch seine eher überdauernde Persönlichkeitsstruktur bedingt ist...“ (Fietkau 1981, S. 125). Dies trifft in besonderem Maße für die Zielgruppe der vorliegenden Untersuchung zu.

2.2. Empirische Erkenntnisse zum Umweltbewußtsein von Grundschülern

Schulische Umwelterziehung erhebt den programmatischen Anspruch, im Rahmen des Unterrichts über die bloße Wissensvermittlung hinaus umweltbewahrende Einstellungen und Werthaltungen aufzubauen und die Schüler zu ökologisch sinnvollem Handeln im Alltag zu bewegen.

Im folgenden soll der Versuch unternommen werden, die bisher diesbezüglich vorliegenden Ergebnisse der empirischen Forschung zum Umweltbewußtsein von Grundschülern zu sichten und entsprechend der in Kap. 2.1.2. genannten Dimensionen des Umweltbewußtseins zu gliedern. Dabei werden vorrangig Untersuchungen mit Grundschülern bzw. bei ausländischen Studien Schülern vergleichbaren Alters berücksichtigt. Hinzugezogen werden ferner Untersuchungen mit älteren Schülern, sofern sie im Zusammemhang mit der hier verfolgten Fragestellung wesentliche Erkenntnisse liefern oder methodisch von Interesse sind.

Da nur in einigen dieser Untersuchungen demographische Variablen wie Alter, Geschlecht, Wohnort (Stadt vs. Land) oder soziale Schichtenzugehörigkeit berücksichtigt wurden, werden diese in der folgenden Darstellung nicht, wie z.B. in der Forschungsübersicht von Langeheine & Lehmann (1986), in Rahmen eines gesonderten Abschnittes behandelt, sondern unter den Gliederungspunkten im Zusammenhang mit den dort vorgestellten Arbeiten dargestellt.

2.2.1. Umweltrelevantes Wissen

Eine erste Zusammenfassung von Untersuchungsergebnissen zum Umweltwissen mit einer Teilstichprobe von Grundschülern mit dem Titel „What do people really know about pollution?" stammt von Towler & Swan (1972). Die Autoren haben acht- bis elfjährige amerikanische Schüler aus ländlichen und städtischen Regionen in den USA befragt (vgl. Swan 1970) und kommen zusammenfassend zu folgenden Ergebnissen:

> "In general, the students' responses indicated that they were very much aware of the deterioration of their environment, quite concerned about it, and rather pessimistic concerning the chances of solving the problems within the next twenty years. At the same time, however, their answers revealed a surprising lack of knowledge about the factors which effect the environment, how they affect it and the degree to which they are personally involved in the problem" (Towler & Swan 1972, S. 54).

Diese Diskrepanz zwischen Umweltwissen und eigener Erfahrungswelt veranschaulichen die Autoren an einem Beispiel: Gefragt nach den Ursachen der Luftverschmutzung nannten die Schüler überwiegend die lokale Industrie. Jedoch sei den Befragten kaum klar, daß Schadstoffe von Kraftfahrzeugen oder verbranntem Laub ebenfalls zur Luftverschmutzung beitragen. Towler & Swan führen diese Inkonsistenz auf zwei Entwicklungen zurück: einerseits auf den Einfluß von Massenmedien, andererseits auf ein – vermutlich durch diese vermitteltes – abstraktes Vokabular im Zusammenhang mit Umweltthemen, ohne daß die inhaltliche Bedeutung der verwendeten Begriffe hinreichend verstanden wird. Des weiteren stellten die Autoren fest, daß das Wissen über regionale und lokale Umweltprobleme geringer war als das über nationale bzw. globale. Zu vergleichbaren Ergebnissen kamen in der Folgezeit auch z.B. die Untersuchungen von Braun (1984) und Arcury & Johnson (1987).

Richmond (1978) hat in einer umfangreichen Studie 11000 englische und walisische Schüler der 5. Klasse mit einem standardisierten Fragebogen befragt, der auf der Wissensebene Skalen zu den Variablen „factual knowledge" (faktisches Wissen) und „conceptual knowledge" (konzeptionelles Wissen) enthielt. Des weiteren wurde u.a. der – in dem hier diskutierten Zusammenhang relevante – Einfluß der Variablen Geschlecht und Wohnort (Stadt vs. Land) untersucht. Der Autor kommt zusammenfassend zu dem Ergebnis, daß die Hälfte der befragten Schüler zu nahezu allen relevanten Umweltbereichen (z.B. Umweltverschmutzung, Bevölkerungswachstum, Energie, natürliche Ressourcen) die entsprechenden Fragen richtig beantworten konnte, wobei das konzeptionelle Wissen mit ca. 60% deutlich besser ausgeprägt war als das faktische Wissen (45%)[1]. Die Jungen erzielten in beiden Teilen insgesamt bessere Ergebnisse als die Mädchen. Die aufschlußreiche Forschungsübersicht von Blum (1987) zum Umweltwissen von Schülern in verschiedenden Ländern, in der neben vier weiteren Studien auch die Untersuchung von Richmond berücksichtigt wurde, konnte diese Ergebnisse auch im internationalen Vergleich bestätigen.

In der retrospektiv angelegten Studie von Langeheine & Lehmann (1986), bei der insgesamt etwa 1000 Personen aus Schleswig-Holstein und Berlin befragt wurden, wird keine direkte Aussage über den Umfang des umweltrelevanten Wissens der Befragten gemacht. Im Vordergrund dieser Studie steht die Frage nach der Wirksamkeit verschiedener unabhängiger Variablen auf diese Dimension des Umweltbewußtseins. Hier sind insbesondere folgende Befunde von Interesse:

> „Männer verfügen über ein hohes Wissen. Der Grund ist nicht der, daß sie länger zur Schule gingen oder einen qualifizierteren Abschluß erreichten. Der Grund ist auch nur teilweise der (...), daß Männer mehr Bücher ökologischen Inhalts lesen und entsprechende Veranstaltungen besuchen. Es ist ebenfalls auch nicht so, daß Männer Natur mehr oder weniger in Wort und Schrift erlebt haben als Frauen. Wir wissen den Grund vollständig letztlich nicht. Wir wissen nur, daß ein Kenntnisvorsprung der Männer auch in vielen empirichen Untersuchungen zum naturwissenschaftlichen Wissen nachgewiesen wurde“ (S. 110).

Demgegenüber ist für die Gesamtstichprobe der Schulabschluß von wesentlicher Bedeutung für Kenntnisse über Natur und Umwelt insgesamt. Hieraus ließe sich für die Zielgruppe der vorliegenden Studie ableiten, daß der Bildungshintergund des Elternhauses – unter der Voraussetzung, daß zwischen der Art des Schulabschlusses von Jugendlichen und dem Bildungsstand der Eltern Zusammenhänge bestehen – als möglicher Einflußfaktor zumindest auf das Wissen zu berücksichtigen wäre.

Die bisher im deutschsprachigen Raum inhaltlich am breitesten angelegte Erhebung von „Grundkenntnisse(n) über Umweltgefährdung und Umweltschutz“ bei Grundschüler aus 3. und 4. Klassen (n = 232) wurde 1988 von Gertrud Scherf & Barbara Bienengräber veröffentlicht. Im Rahmen dieser Studie wurden mit einem standardisierten Fragebogen die Aspekte „Umweltschutzwissen“ und „Naturschutzwissen“ untersucht. Die Ergebnisse dieser Studie lassen sich wie folgt zusammenfassen: Das Wissen der Schüler nahm (erwartungsgemäß) mit dem Alter zu; so erzielten die Schüler der 4. Klassen hochsignifikant bessere Werte als die der 3. Klassen. Ferner konnten geschlechtsspezifische Unterschiede nachgewiesen werden: Jungen der 3. und 4. Klassen zeigten im Durchschnitt ein höheres, jedoch nicht signifikant höheres Wissen als die Mädchen. Hinsichtlich des Naturschutzwissens erzielten alle Befragten deutlich schlechtere Werte als beim Umweltschutzwissen. Auch hier traten geschlechtsbedingte Unterschiede auf. Die Mädchen verfügten im Durchschnitt über ein – allerdings nicht signifikant – größeres Naturschutzwissen, die Jungen hingegen über ein größeres Umweltschutzwissen. Scherf & Bienengräber kommen bei der Interpretation ihrer Daten zum gleichen Urteil wie Braun (1984):

„Immerhin ist der Kenntnisstand der Versuchspersonen insgesamt – trotz einiger positiver Ansätze – wenig überzeugend. Ob es unter diesen Umständen möglich sein wird, die Komplexität von Umweltproblemen rational zu durchdringen, darf – für einen nicht ganz unerheblichen Teil der Schüler – bezweifelt werden. Auch wird die Bereitschaft, sich über konkrete Problemstellungen zu informieren und sich gegebenenfalls selbständig mit ihnen auseinanderzusetzen, durch den niedrigen Wissensfundus erschwert" (S. 33).

Hierbei ist allerdings anzumerken, daß die letzte Aussage von Braun von Scherf & Bienengräber gar nicht untersucht wurde.

Die empirische Forschung zum Umweltbewußtsein von (Grund-) Schülern hat sich in der Bundesrepublik erst in den letzten Jahren entwickelt und bisher eine vergleichsweise geringe Zahl von Studien hervorgebracht. Gleichwohl haben in der Biologie-Didaktik Untersuchungen zu speziellen Wissensbereichen, insbesondere zur Arten- bzw. Formenkenntnis, eine lange Tradition (z.B. Genschel 1950; Gahl 1973; 1977; Eschenhagen 1982; Etschenberg 1983). Im folgenden wird nur auf die Studie von Eschenhagen Bezug genommen, da diese über die Frage nach der Artenkenntnis im engeren Sinne hinausgeht, methodisch von Interesse ist und zudem den Einfluß geschlechtsspezifischer Unterschiede berücksichtigt.

Eschenhagen hat 605 Schülerinnen und Schülern aus 5. Klassen insgesamt 48 einheimische wildlebende Tiere – überwiegend lebend oder als Präparat – präsentiert und auf diese Weise deren Bekanntheitsgrad ermittelt. Die Untersuchung ergab, daß von den Befragten im Durchschnitt nur 21% aller Tiere korrekt, d.h. mit ihrem wissenschaftlichen Artnamen benannt werden konnten. Wurden zusätzlich weniger genaue Bezeichnungen als richtig bewertet, stieg dieser Wert auf 58%. Hinsichtlich geschlechtsspezifischer Unterschiede stellt Eschenhagen fest, „daß sich Jungen und Mädchen weniger voneinander unterschieden als die Schulen untereinander" (S. 44). Die Ergebnisse lassen vermuten, daß die genannte Diskrepanz auf qualitativ unterschiedliche Anregungen durch das unmittelbare Lebensumfeld der befragten Schülerinnen und Schüler zurückzuführen ist. Eschenhagen stellt in diesem Sinne fest,

„daß die mehr oder weniger gute Kenntnis von Tieren korreliert sein könnte mit der Häufigkeit des Vorkommens der betreffenden Tiere in der Umgebung der Schüler" (S. 44).

Auch sozialgeographische Faktoren kommen bei der Interpretation der Ergebnisse möglicherweise in Betracht, ferner der Einfluß unterschiedlichen Umweltunterrichts. Diese Erklärungsansätze werden vom Autor jedoch nicht in Erwägung gezogen.

2.2.2. Umweltbezogene Einstellungen

Seit Beginn der siebziger Jahre besteht in den USA eine vorwiegend didaktisch orientierte Forschungsrichtung, die der Frage nachgeht, welche grundlegenden Einstellungen Schüler gegenüber ihrer natürlichen Umwelt haben und welche Lösungsstrategien für Umweltprobleme sie bevorzugen. Von einer Intensivierung dieser Forschungen versprach man sich zum damaligen Zeitpunkt grundlegende Erkenntnisse zur Planung von Umwelterziehungsprogrammen und -curricula.

In diesem Zusammenhang wurde schon früh die Bedeutsamkeit der Umwelterziehung im Primarbereich einerseits und das Fehlen grundlegender empirischer Daten für diese Altersstufe andererseits festgestellt (vgl. Knapp 1972; Abram und Rossinger 1972). Voelker und Horvat (1976) führen hierzu aus:

> "In recent years we've seen increasing environmental concern. ... These efforts, and subsequent environmental battles of the future, will require continued vigilance – best achieved through a cross-discipline environmental education emphasis started in the elementary schools" (S. 353).

Die ersten grundlegenden Arbeiten zu den o.g. Fragestellungen stammen von Horvat (1974) und Voelker und Horvat (1972). Die Autoren haben Grundschülern (n = 435) kurze Geschichten vorgelegt, in denen verschiedene Umweltprobleme dargestellt wurden. Die Schüler mußten nun eine Lösung für das jeweilige Umweltproblem nennen und diese schriftlich begründen. Die Studien kommen zusammengefaßt zu dem Ergebnis, daß bei Schüler dieser Entwicklungsstufe umweltfreundliche Einstellungen („environmental orientations"[2]) überwiegen, Umweltprobleme jedoch häufig noch aus einer eingeschränkten, Ich-zentrierten Perspektive beurteilt und überwiegend für technologisch lösbar gehalten werden. Der von den genannten Autoren entwickelte methodische Ansatz wurde – mit geringen Abweichungen – in zahlreichen Folgeuntersuchungen zu Umwelteinstellungen von Schulkindern verwendet (vgl. Doran 1977; Doran, Guerin & Sarnowski 1974). Diese Studien konnten die Ergebnisse der Arbeiten von Voelker & Horvat (1976) weiter absichern.

Alaimo (1978) und Alaimo & Doran (1980) gingen in ihren Untersuchungen der Frage nach, von welchen Faktoren die Einstellungen zur Umwelt („environmental values") bei Schülern der 7. bis 12. Klasse in den USA (n = 615) abhängen. Darüber hinaus fragten sie nach dem Zusammenhang von umweltbezogenen Einstellungen und Alter (bzw. Klassenstufe), Geschlecht sowie Umfang des naturwissenschaftlichen Unterrichts. Der theoretische Ansatz dieser Studie wird im folgenden kurz dargestellt, da er zum Bezugsrahmen einiger Folgestudien wurde.

Die Autoren haben auf der Basis des „Environmental Value Inventory (EVI)“ von Sarnowski (1975) das „Environmental Inventory (EI)“ entwickelt. Als theoretische Grundlage dieser beiden Fragebögen diente die Typologie von Spranger (1928), nach der sechs grundlegende Handlungsmotive bzw. Persönlichkeitstypen unterschieden werden, und zwar der theoretische, der ökonomische, der soziale, der ästhetische, der des Machtmenschen sowie der des religiösen Menschen. Die ersten fünf der genannten Motive wurden im Rahmen der Untersuchung a priori als „environmental values“ definiert. Die befragten Schüler mußten nun unterschiedliche, von den Autoren vorgegebene Umweltprobleme beurteilen. Die Kategorisierung der Antworten erfolgte anhand der von Spranger abgeleiteten Typologie.

Die Studie kommt zusammenfassend zu dem Ergebnis, daß die Wertorientierung der Schüler bei der Beurteilung von Umweltproblemen in erster Linie vom Alter abhängig ist. Jüngere Schüler sind eher ästhetisch orientiert, ältere hingegen mehr theoretisch. Das Geschlecht hat keinen Einfluß auf die Wertorientierungen der Schüler. Schüler, die mehr naturwissenschaftlichen Unterricht genossen hatten, zeigten eine weitaus geringere Präferenz der ästhetischen und ökonomischen Werte und eine deutlich größere theoretische Orientierung.

Lena Aho (1984) hat den theoretischen Ansatz von Alaimo & Doran (1978) aufgenommen und für jüngere Kinder weiterentwickelt. Sie ist in einer theoretisch und methodisch fundierten qualitativen Untersuchung bei finnischen Schülern (n = 200) im Durchschnittsalter von ca. 12 Jahren der Frage nachgegangen, welche kognitiven und emotionalen Aspekte die Schüler hinsichtlich ihres Verhältnisses zur Natur und bei der Beurteilung von Eingriffen in die natürliche Umwelt (Planung eines „outdoor center“) vorrangig berücksichtigen. Aho kommt zu folgendem Ergebnis:

> “the majority of them came down on the side of nature, as it were, and were unable to accept this kind of exploitation, prefering to emphasize the importance of its protection and conversation ... The results obtained here suggest that although the pupil, even at this age, is already able to examine this kind of problem from many aspects, he will tend to come down on the side of conservationist values in his own subjective solution and will wish to preserve the peace, beauty and integrity of nature both for its own sake and in order to allow people the opportunity to experience these things” (S. 180).

In einer Folgestudie kommen Lena Aho et al. (1989) mit den bereits in der Dissertation von Horvat (1974) angewendeten Verfahren (s.o.) auch für finnische Schüler zu vergleichbaren Ergebnissen. Die Befragten zeigten bei ihren Lösungsvorschlägen für Umweltprobleme überwiegend umweltbewahrende Einstellungen und neigten zu der Einschätzung, daß Umweltprobleme durch den Einsatz modernen Technologien bewältigt werden können. Die Studie bestätigte ferner die bereits von Alaimo & Doran (1980) getroffene Feststellung, daß Kinder nur in geringem Maße sozio-ökonomische Aspekte bei der Beurteilung ökologischer Fragestellungen berücksichtigen. Die Studien von Aho (1984) und Aho et al. (1989) kommen ferner zu dem Ergebnis, daß es hinsichtlich der naturfreundlichen Haltung keinen Unterschied zwischen Jungen und Mädchen gibt, Mädchen ökologische Problemstellungen allerdings vorrangig von einem subjektiv-emotionalen Seite aus betrachten und eher soziale, ethische und ästhetische Aspekte berücksichtigen als die Jungen, die wiederum Fakten und Tatsachen sowie sozio-ökonomische Argumentationsweisen bevorzugen. Ähnliche Ergebnisse finden sich bereits in den Arbeiten von Horvat (1974) und Alaimo & Doran (1978). Die Untersuchung von Aho et al. (1989), deren Stichprobe aus Viertklässlern (n = 133) und Sechstklässlern (n = 224) bestand, kommt ferner zu dem Ergebnis, daß die Schüler mit zunehmendem Alter bei ihren Lösungsvorschlägen für Umweltprobleme Kompromißlösungen zwischen menschlichen Interessen und der Natur bevorzugen.

Im Gegensatz zu den bisher referierten Studien, die eher didaktisch orientiert sind, stehen die Arbeiten von Trudie Bunting & Pete Semple (1979) bzw. Trudie Bunting & Larry Cousins (1985; 1987) zur Beziehung von Kind und Umwelt eher in der Tradition der psychometrischen Einstellungsforschung. Die Autoren haben in Anlehnung an das „Environmental Response Inventory“ (ERI) von McKechnie (1972; 1977a; 1977b) den „Children's Environmental Response Inventory“ (CERI) entwickelt. Dabei handelt es sich um einen psychologischen Test mit 185 Items für Kinder, der die üblichen Testgütekriterien (Objektivität, Reliabilität und Validität) erfüllt. Das Ziel des CERI ist es, die Ausprägung folgender Dimensionen der kindlichen Umweltwahrnehmung zu erfassen (z.T. zitiert nach Dollase 1991):

1. <u>Pastoralism</u>: Eine positive Einstellung zu natürlichen Umwelten, zum „Draußen“ und zu offenen Gegenden. (Typisches Item: “I enjoy watching the sky on summer nights”).

2. <u>Urbanism</u>: Eine Neigung zu vom Menschen gemachten Umwelten und zum Leben in der Stadt. (“I like the sounds of a city”).

3. <u>Environmental Adapation</u>: Ein Mangel an Sorge über menschliche Interventionen in der Natur und der Glaube an das Recht des Menschen, sich mit Hilfe der Technik an die Natur anzupassen bzw. sie sich untertan zu machen. (“Man should learn to control the weather”).

4. <u>Stimulus seeking</u>: Eine Neigung zu erhöhter Aktivierung durch Stimulation durch die Umwelt und eine Präferenz für ungewöhnliche, abenteuerliche Umwelten. (“I like to explore really strange places”).

5. Environmental trust: Einstellungen des Vertrauens zu jeder Art von Umwelt, ob natürlich oder von Menschen gemacht, auch Angstfreiheit. (negatives Item: "It is safer to stay close to home").

6. Antiquarianism: Emotionales Verhältnis zur Vergangenheit und zu altmodischen und historischen Umwelten. ("I would enjoy living in a house that was 100 years old").

7. Need privacy: Eine positive Wertschätzung von Einsamkeit und Freiheit von Ablenkung durch die Umwelt ("I like hobbies and things that you do by yourself").

8. Mechanical orientation: Interesse an mechanischen Strukturen und Freude an manuellen Aktivitäten. ("I would like to know about fixing cars").

Die bisher vorliegenden Ergebnisse des CERI sind insofern von Interesse, da sie sowohl Aussagen über vorherrschende Dispositionen bzw. Einstellungsmuster bei Kindern als auch über die Wirkung der Variablen Alter, Geschlecht und Wohnort (Stadt vs. Land) zulassen[3].

Die Autoren haben mit dem CERI Schüler der Klassenstufen 4, 6, 8 und 10 befragt und den alters- bzw. entwicklungsbedingten Wandel der Einstellungen untersucht. Sie kommen zusammenfassend zu folgenden Ergebnissen: Bei Kindern im Grundschulalter (4. Klasse) steht „Pastoralism" deutlich an der Spitze, gefolgt von „Stimulus seeking, Antiquarianism, Mechanical orientation und Need privacy". Unterdurchschnittlich stark ausgeprägt sind „Environmental trust, Urbanism und Environmental adaption". Die Neigung zu „Pastoralism, Environmental adaption, Antiquarianism und Mechanical orientation" nimmt mit zunehmendem Alter ab, die Neigung zu „Urbanism, Stimulus seeking, Environmental trust und Need privacy" hingegen zu. Bei den Mädchen ist lediglich die Neigung zu „Pastoralism" signifikant deutlicher ausgeprägt als bei den Jungen, diese wiederum erzielen bei den Dimensionen „Stimulus seeking, Environmental trust, Need privacy und Mechanical orientation" signifikant höhere Werte. Kinder aus ländlichen Gegenden zeigen signifikant größere Neigungen zu „Pastoralism und Antiquarianism", Stadtkinder hingegen zu „Urbanism und Environmental adaption" (Bunting & Cousins 1987). Hinsichtlich der hier diskutierten Variablen stellen die Autoren zusammenfassend fest:

> "Our current findings show that strong correlates exist between children's environmental responses and personal status characteristics, specifically sex and age. Geographic place of residence is also shown to be associated with environmental personality, even though this research puts forward a simple rural versus urban dichotomy whereas in the real world these two terms represent points along a continuum" (Bunting & Cousins 1985, S. 762).

In den letzten Jahren sind auch im deutschsprachigen Raum einige beachtenswerte empirische Studien durchgeführt worden, die sich u.a. mit Einstellungsaspekten des Umweltbewußtseins befaßt haben.

Braun (1984) konnte hinsichtlich der von ihm untersuchten Einstellungsvariablen „durchgehend hohe Meßresultate, insbesondere bei den Variablen wahrgenommene Ernsthaftigkeit, persönliche Betroffenheit und intrapersonale Verantwortlichkeit“ (a.a.O., S. 324) feststellen. Er bescheinigt den von ihm befragten Schülern im Alter von 15 bis 16 Jahren zusammenfassend eine „hohe Sensibilität für Umweltprobleme“. Die befragten Mädchen zeigten sich in weitaus größerem Maße von Umweltproblemen betroffen, wohingegen bei den Jungen lediglich die extrapersonale Verantwortlichkeit, also die Disposition, die Verantwortung für die Lösung von Umweltproblemen z.B. bei Wissenschaftlern oder der Industrie zu lokalisieren, signifikant stärker ausgeprägt war. Bei den anderen Einstellungsvariablen waren keine signifikanten geschlechtsspezifischen Unterschiede feststellbar.

Langeheine & Lehmann (1986) haben in der bereits mehrfach zitierten Studie u.a. die Gefühlsdimensionen Angst, Empörung und Zorn angesichts der Umweltzerstörung untersucht. In Zusammenhang mit der vorliegenden Untersuchung sind wiederum die Auswirkungen der unabhängigen Variablen von Interesse. So konnten die Autoren das Ergebnis von Braun bestätigen, daß Frauen stärkere emotionale Affekte, insbesondere eine höhere Betroffenheit angesichts der Umweltzerstörung zeigten als Männer. Ein Einfluß des Ausbildungsstatus auf die Einstellungsdimension ließ sich hingegen in ihrer Untersuchung nicht nachweisen.

Giesela Szagun & Elke Mesenholl (1991) haben „emotionale, ethische und kognitive Aspekte des Umweltbewußtseins bei Kindern und Jugendlichen“ (S. 37) untersucht. Im Rahmen dieser Studie wurde ein kombiniertes Verfahren mit qualitativen und quantitativen Methoden eingesetzt. In einem ersten Schritt wurden 80 Briefe, die Kinder und Jugendliche an den Bundesumweltminister und an Greenpeace geschrieben hatten, analysiert. Ferner wurden halbstrukturierte Interviews mit 25 Kindern und Jugendlichen im Alter von 8 bis 19 Jahren geführt. Im Anschluß daran wurden 125 Schüler aus 6. und 9. Klassen mit einem strukturierten Fragebogen befragt, dessen Items auf den Ergebnissen des ersten, qualitativen Analyseschrittes basierten. Diese Studie setzt im Rahmen der Einstellungsforschung zum Umweltbewußtsein von Kindern und Jugendlichen einen neuen Akzent, da sie vorrangig auf die emotionale Dimension des Umweltbewußtseins ausgerichtet ist und dieser ein plausibles und differenziertes Modell zugrundelegt.

Die Autoren kommen zusammenfassend zu dem Ergebnis, daß eine starke Emotionalität der Befragten gegenüber Umweltzerstörung besteht, wobei diese bei den Jugendlichen (9. Klasse) insgesamt kohärenter ist als bei den Kindern (6. Klasse):

> „Mit dem Alter bildet sich offenbar eine differenzierte emotionale Einstellung in Bezug auf die Umweltzerstörung aus. Bei den Sechstkläßlern scheint dagegen noch eine Art Aktionismus vorzuherrschen“ (S. 50).

Die vorherrschenden Gefühle der Befragten angesichts der Umweltzerstörung sind Mitleid, Trauer, Angst, Wut auf die Verursacher, positive Wertung der Aktionen von Umweltschutzorganisationen sowie Ablehnung von Hoffnungslosigkeit und Gleichgültigkeit. Die Autoren interpretieren dies als „eine nach Aktivität drängende Art von Emotionalität ...“ und folgern, daß

> „die Kombination von Angst vor zukünftiger Bedrohung mit zur Handlung prädisponierenden Emotionen wie Wut und Mitleid und positive Wertung umweltschützender Handlungen eine zur Aktivität prädisponierende emotionale Einstellung darstellen“ (S. 50).

Von Interesse ist ferner, daß die Befragten das umweltschützende Verhalten Erwachsener überwiegend als nicht zufriedenstellend einschätzen; sie attestieren ihnen „Bequemlichkeit, materialistische und auf das eigene Wohlergehen bezogene Werte sowie eine Unterschätzung der Gefahren der Umweltzerstörung“ (S. 51).

Ulrike Unterbruner (1989; 1991) ist in ihrer Untersuchung der Frage nachgegangen, welchen „internen Stellenwert“ Natur und Umwelt im alltäglichen Leben von Kindern und Jugendlichen haben. Auch in dieser Untersuchung wurde eine Kombination qualitativer und quantitativer Forschungsmethoden gewählt. In der qualitativen Phase wurde ein „imaginatives Verfahren“ verwendet, bei dem die Probanden zunächst eine Phantasiereise in die „Welt in 20 Jahren“ unternahmen, anschließend ein Bild zur gleichen Thematik malten und dieses erläuterten. Die Aussagen der Befragten wurden dann inhaltsanalytisch ausgewertet. Diese Auswertung ergab, daß mehr als die Hälfte aller Kinder und Jugendlichen im Hinblick auf Natur und Umwelt pessimistische Zukunftserwartungen dokumentierte. Lediglich 25% waren optimistisch. 20% der Aussagen bzw. Zeichnungen enthielten sowohl pessimistische als auch optimistische Elemente. Die Autorin faßt zusammen:

> „Natur und Umwelt spielen in den Zukunftsvorstellungen der Jugendlichen eine wichtige Rolle. So schilderten 80% (...) Natur und Umwelt, wie sie sie bei ihrem Phantasiespaziergang wahrgenommen hatten. Darüber hinaus aber war erstaunlich, daß in sehr vielen Fällen dem Zustand der Natur eine besondere Bedeutung zukommt. Denn die Bewertung, ob die Welt in 20 Jahren lebenswert sein wird oder

> nicht, war bei dem Gros der Jugendlichen davon abhängig, ob die Natur intakt oder zerstört phantasiert worden ist. Dies gilt gleichermaßen für Mädchen und Jungen wie auch für Jugendliche aus der Stadt und aus ländlichen Gegenden“ (S. 57).

In der quantitativen Phase wurde ein Fragebogen eingesetzt, der zwei offene Fragen nach den größten Hoffnungen bzw. Wünschen oder Ängsten für die Zukunft sowie eine aus 20 Items bestehende Angstskala enthielt. Bei den offenen Fragen rangierte der Wunsch nach „sauberer“, intakter Natur bzw. Umweltschutz mit 35% nach Arbeit (63%), Partnerschaft/Familie (42%) und Frieden (36%) an vierter Stelle, die Angst vor Umweltzerstörung stand mit 40% an dritter Stelle, nach Krieg/Atomkrieg (54%) und Krankheit (50%). Auf der Angstskala rangierte das Item „Ich habe Angst davor, daß die Umweltverschmutzung noch schlimmer wird“ an erster Stelle. Die Studie von Unterbruner konnte ferner den Befund von Petri et al. (1986, 1987) stützen, daß bei den Befragten politisch-gesellschaftliche Ängste (z.B. vor Umweltzerstörung, Atomkrieg, Hunger in der Welt) deutlich höher ausgeprägt sind als Ängste aus dem persönlichen Lebensbereich (z.B. vor schlechten Noten, Scheidung der Eltern, Geldnot der Familie). Abschließend sei noch erwähnt, daß Mädchen in der Befragung generell mehr Ängste äußerten als Jungen. So war der geschlechtsspezifische Unterschied bei 18 Items der Angstskala signifikant. Dieses Ergebnis deckt sich z.T. mit den bereits dargestellten Befunden von Bunting & Cousins (1987), die für Jungen eine signifikant höhere Ausprägung der Disposition „Environmental Trust“ nachweisen konnten und mit den Ergebnisse von Aho et al. (1989), nach denen Mädchen ökologische Problemstellungen eher von einer subjektiv-emotionalen Warte aus betrachten als Jungen. Bei den Phantasiereisen ließen sich hingegen keine geschlechtsspezifischen Unterschiede feststellen.

2.2.3. Umweltorientiertes Handeln

Während zum Wissen und zu Einstellungen von Grundschülern zu Umweltfragen einige empirische Befunde vorliegen, gibt es bisher keine umfassenderen Studien, in denen das umweltorientierte Verhalten dieser Altersgruppe untersucht wurde (vgl. Bolscho 1986; 1989). Das Interesse richtete sich bisher – insbesondere in den USA – auf die experimentelle Untersuchung der Wirksamkeit von Maßnahmen zur Steuerung umweltorientierter Verhaltensweisen.

So wurden in den Vereinigten Staaten in den siebziger Jahren eine Reihe von Untersuchungen zum „Littering Behavior“ (Müllwegwerf-Verhalten) durchgeführt. Ziel dieser Untersuchungen war es zu zeigen, daß sich umweltschädigendes Verhalten von Kindern durch Maßnahmen der Verhaltensmodifikation

– dem operanten Konditionieren nach Skinner – sowie durch geeignete Umweltarrangements ändern ließe (vgl. im Überblick: Reich & Robertson 1979). Im Rahmen der Untersuchungen wurde i.d.R. folgendes Verfahren eingesetzt (z.T. zitiert nach: Dollase 1991):

1) Reizkontrolle, d.h. beim Auftauchen des Reizes (Müll) werden diskriminative Stimuli gesetzt, die das erwünschte Verhalten zur Folge haben sollen. Solche Hinweise müssen vorher vereinbart werden. Man benutzt Modelle, die das richtige Verhalten zeigen ebenso wie verbale Instruktionen oder z.B. Handzeichen, die das Kind quasi „erinnern", den Müll jetzt ordnungsgemäß zu entsorgen (sog. „prompting").

2) Verstärkungsprozeduren, d.h. das richtige Verhalten wird anschließend verstärkt; dies soll die Wahrscheinlichkeit des zukünftigen Auftretens erhöhen.

3) Aversive Prozeduren, d.h. unerwünschtes Verhalten wird negativ sanktioniert, d.h. bestraft, um dessen Auftretenswahrscheinlichkeit zukünftig zu senken.

Die amerikanischen Studien zum „Littering Behavior" zeigten bei Kindern im Vorschul- und Grundschulalter im großen und ganzen die erwarteten Effekte. Zu berücksichtigen ist hierbei allerdings, daß die genannten Studien gewissermaßen unter Laborbedingungen durchgeführt wurden, d.h. der gewünschte Effekt stets durch stark individualisierte Anwendung der Verstärkungstechniken sowie strikte Konsequenz der Verstärkung insbesondere während der Erwerbsphase erreicht wurde. Insgesamt konnten die amerikanischen Studien belegen, daß das gewünschte „Littering Behavior" bei Kindern im Grundschulalter durch eine Kombination von verbaler Ermahnung bei Auftauchen des Reizes (Müll) und Belohnung für das richtige Entsorgungsverhalten – also eine Kombination von Reizkontrolltechniken und Verstärkungsprozeduren – am wirkungsvollsten zu beeinflussen war (vgl. Burgess et al. 1971).

Eine weitere Gruppe von Studien ging der Frage nach, durch welche Maßnahmen das „picking up litter"-Verhalten von Kindern, bei dem es darum ging, fremden Müll zu beseitigen, zu beinflussen war (z.B. Chapmann & Risley 1974). Hier erwiesen sich lediglich kindgemäße Belohnungen (z.B. Cent-Stücke, Bonbons u.ä.) als wirksame Verstärkungstechniken.

Der ausgeführte Forschungsansatz zur Wirksamkeit von Verhaltensmodifikation im Zusammenhang mit Umweltverhalten wurde in der Bundesrepublik von Minsel & Bente (1981) aufgegriffen. Auch diese Autoren konnten bei Schülern und Jugendlichen durch Interventionsprogramme im Zusammenhang mit Säuberungsaktionen (Abfallbeseitigung) positive Effekte erzielen. Sie kommen zu dem

Schluß, daß sich die angewendeten Konzepte der Verhaltensmodifikation „als tragfähig und ökonomisch" (S. 170) erwiesen haben. Dollase stellt hinsichtlich der Relevanz derartiger Verfahren für den Bereich der Umwelterziehung zusammenfassend fest:

> „Insgesamt läßt sich feststellen, was weder in der Umweltpolitik noch in der Umwelterziehung unbekannt sein dürfte: umweltbewußtes Verhalten (auch) von Kindern läßt sich fördern, wenn dafür Anreize geschaffen werden. Es muß sich ‚lohnen', richtiges Verhalten zu zeigen" (S. 57).

Inwieweit das auf diese Weise erzielte Verhalten jedoch als Ausdruck eines – wie auch immer gearteten – Umweltbewußtseins gewertet werden darf, sei dahingestellt. Bolscho (1989) hat in diesem Zusammenhang darauf hingewiesen, daß

> „verhaltensmodifikatorische Maßnahmen auf sehr eingegrenzte Bereiche des Umweltverhaltens (wie eben z.B. Abfallbeseitigung) ausgerichtet sind und Zweifel bleiben, ob dieses partiell veränderte Verhalten (zumal es durch Belohnungssysteme aufgebaut und nur für kurze Zeitspannen überprüft wurde) als Beleg für breiter gefaßtes Umweltverhalten herangezogen werden kann" (S. 34).

Eine der wenigen Untersuchungen, die dem Zusammenhang von Umwelterziehung und tatsächlichem Verhalten in einem umfassenderen Kontext nachgeht, stammt von Ash & Shore (1975). Die Autoren haben im Rahmen eines Feldexperiments die Wirksamkeit eines pädagogischen Treatments auf das konkete Verhalten von Schülern aus 5. und 6. Klassen überprüft. Im Rahmen des Experiments wurde eine Versuchsgruppe nach einem Umweltcurriculum unterrichtet, das sowohl Lernen im Klassenraum als auch Projekte und Felderkundungen umfaßte. Eine Kontrollgruppe bestand aus Schülern, die – im Gegensatz zur Versuchsgruppe ohne vorbereitetes Curriculum – ein Umweltzentrum besucht hatten. Beide Gruppen wurden nun während ihres Aufenthaltes im Umweltzentrum im Hinblick auf ihr Verhalten beobachtet. Die Untersuchung kommt zusammengefaßt zu dem Ergebnis, daß die Versuchsgruppe im Hinblick auf umweltbewahrende Verhaltensweisen im Umweltzentrum höhere Werte erzielte als die Kontrollgruppe. Die Studie zeigt demnach, daß durch den gezielten Einsatz bestimmter Unterrichtsverfahren bzw. Curricula durchaus positive Verhaltensänderungen erzielt werden können. Auch hier stellt sich allerdings die Frage nach der Nachhaltigkeit derartiger Effekte sowie der Übertragbarkeit auf die schulische Praxis.

Die bisher genannten Untersuchungen konnten alle auf experimentelle Weise den Nachweis erbringen, daß umweltorientiertes Verhalten durch verschiedenartige Maßnahmen gesteuert werden kann. Demgegenüber ist die Zahl der Untersuchungen bei Kindern oder Jugendlichen, in denen sich Hinweise auf das tatsächliche bzw. berichtete Umweltverhalten (actual bzw. verbal commitment) finden, ausgesprochen gering. Aspekte dieser Fragestellung werden für die Bundesrepublik Deutschland lediglich in den Arbeiten von Braun (1984), Langeheine & Lehmann (1986) und Szagun & Mesenholl (1991) angesprochen.

Braun (1984) hat in seiner Studie drei verschiedene Ebenen des „aktualen" umweltorientierten Handelns untersucht: 1) eigenes umweltbewußtes Verhalten, 2) Informationsverhalten und 3) umweltpolitische Aktion. Innerhalb des aktualen Handelns nahmen die mittleren Indexwerte vom eigenen umweltbewußten Verhalten über das Informationsverhalten bis zur umweltpolitischen Aktion „kontinuierlich und z.T. sehr stark ab" (S. 324). Als Erklärung für diese Befunde führt Braun an, daß

> „Schüler dieser Altersstufe von direkter politischer Betätigung noch weitgehend ausgeschlossen sind. Ferner ist zu berücksichtigen, daß der persönliche Aufwand (Zeit, Engagement) von Variable zu Variable größer wird" (S. 324).

Anzumerken ist noch, daß die Mädchen beim „eigenen umweltbewußten Verhalten" hochsignifikant besser abschnitten als die Jungen, hinsichtlich des „Informationsverhaltens" sowie der „umweltpolitischen Aktion" zeigten sich keine geschlechtsspezischen Unterschiede. Gymnasiasten, Versuchspersonen mit umweltbezogener Handlungserfahrung in der Schule sowie Versuchspersonen mit hohem politischen Interesse erzielten in allen drei Bereichen des umweltorientierten Handelns hochsigifikant bessere Ergebnisse als die entsprechenden Vergleichsgruppen.

Langeheine & Lehmann haben in ihrer bereits zitierten Untersuchung unterschieden zwischen „verbal-öffentlichem ökologischem Handeln" und „ökologischem Handeln im eigenen Haushalt". Im Rahmen der vorliegenden Arbeit ist im Hinblick auf die Zielgruppe vor allem der zweite Aspekt von Interesse, da davon ausgegangen werden kann, daß Grundschüler kaum Zugang zu „verbal-öffentlich-ökologischen Handlungsformen" im Sinne der Autoren haben (z.B. Teilnahme an Umweltschutzaktionen, Wahlen). Hinsichtlich des zweiten Aspektes, bei dem es im Rahmen ihrer Befragung „vornehmlich um die Sammlung von Papier, und die Rückgabe von Glas und das Energiesparen im Haushalt" (S. 121) ging, stellen Langeheine & Lehmann fest, daß Frauen lediglich in der Stadt (Berlin) in stärkerem Umfange umweltbewußt handeln als Männer, ferner, daß ältere Personen im Haushalt gewissenhafter handeln als jüngere, letztere „sich im (...) elterlichen Haushalt vermindert ökologisch betätigen" (S. 121). Demnach wäre es im Rahmen einer Untersuchung mit Kindern von Interesse zu erfahren, in welchem Maße diese im elterlichen Haushalt dazu angehalten werden, ökologisch zu handeln. Darüber liegen bis jetzt jedoch noch keine Erkenntnisse vor.

In der Studie von Szagun & Mesenholl (1991) wurde im Rahmen von halbstrukturierten Interviews mit 25 Kindern bzw. Jugendlichen im Alter von 8 bis 19 Jahren auch nach manifestem umweltschonendem bzw. nicht umweltschonendem Verhalten gefragt. An umweltschonenden Verhaltensweisen nannten die Schüler z.B. den Kauf von Heften aus Umweltschutzpapier, von Haarsprays ohne FCKW, Mülltrennung zu Hause, Vermeiden von Plastiktüten, Spenden für Umweltschutzorganisationen sowie Überzeugungsversuche bei anderen. Die Angaben der Autorinnen lassen jedoch keine Aussage darüber zu, in welchem Umfange derartige Verhaltensweisen von Kindern oder Jugendlichen praktiziert werden, da sie im Rahmen der Untersuchung zum Zweck der Evaluation der Erhebungsinstrumente erhoben wurden.

2.2.4. Zum Zusammenhang von Wissen, Einstellungen und Verhalten

Hines, Hungerford und Tomera (1986) haben eine Meta-Analyse von 128 im Zeitraum von 1971 bis 1986 veröffentlichten empirischen Studien über den Zusammenhang zwischen verantwortungsbewußtem Umweltverhalten („responsible environmental behavior") und 1) kognitiven, 2) psycho-sozialen und 3) demographischen Variablen durchgeführt. Die Analyse geht ferner auf experimentelle Untersuchungen ein, in denen die Wirkung von schulischer Umwelterziehung untersucht wurde. Die wesentlichen Ergebnisse dieser aufschlußreichen Studie werden im folgenden ausführlicher referiert, da sie hinsichtlich der Fragestellung eine nahezu vollständige Zusammenfassung aller empirischen Forschungsergebnisse des von den Autoren berücksichtigten Zeitraumes geben.

2.2.4.1. Kognitive Variablen

Kognitive Variablen beziehen sich auf Wissen über die Umwelt bzw. Aspekte der Umwelt, wie z.B. Umweltprobleme und mögliche Lösungsstrategien oder tatsächliche Handlungsmöglichkeiten im Zusammenhang mit bestimmten Umweltproblemen. Die Meta-Analyse von 17 Untersuchungen ergab eine durchschnittliche Korrelation von $r = .299$ zwischen Wissen und Handeln, wobei Studien, in denen tatsächliches Verhalten erfaßt wurde mit $r = .370$ einen höheren Wert erzielten als solche, in denen berichtetes Verhalten gemessen wurde ($r = .291$). Kinder (nicht näher benannten Alters) erzielten mit $r = .192$ einen niedrigeren Wert als Erwachsene (r = .268). Den höchsten Wert erzielten mit r = .691 Mitglieder von Umweltschutzorganisationen.

Langeheine & Lehmann (1986) stellten hinsichtlich des Zusammenhanges von Wissen und Handeln fest, daß der Zusammenhang zwischen „verbal-öffentlichem Handeln" mit r = .33 (Stadt) bzw. r = .22 (Land) deutlich höher liegt als der zwischen dem „Handeln im eigenen Haushalt" und dem Wissen mit r = .14 (Stadt) bzw. r = .11 (Land). Die Autoren fassen zusammen, daß

> „die Korrelation zwischen Wissen und Handeln mäßig hoch ist, d.h. es gibt nur wenig Befragte (...), die ein hohes (geringes) Wissen über die Natur und Umwelt haben und auch selbst häufig (selten) ökologisch handeln" (S. 137).

Ein Vergleich mit den von Hines et al. (1986) referierten Ergebnissen dürfte jedoch aufgrund des retrospektiven Befragungsverfahrens bei Langeheine & Lehmann (1986) nicht ohne weiteres möglich sein. Dennoch zeigen die Ergebnisse beider Untersuchungen, daß trotz der Inkonsistenz der Variablen Wissen und Handeln die Wissens-Dimension als Prädiktor umweltschonenden Verhaltens nicht gänzlich außer acht gelassen werden darf.

2.2.4.2. Psycho-soziale Variablen

Im Rahmen der Meta-Analyse haben Hines et al. (1986) ferner den Zusammenhang zwischen umweltbewußtem Verhalten und folgenden psycho-sozialen Variablen überprüft: 1) Einstellungen, 2) interne vs. externe Verantwortlichkeit, 3) ökonomische Orientierung, 4) persönliche Verantwortlichkeit und 5) berichtetes umweltbewußtes Verhalten. Im folgenden wird lediglich auf die erste Variable ausführlicher eingegangen, da bei ihrer Analyse auch Untersuchungen mit Kindern berücksichtigt wurden.

Die Autoren weisen mit einem aus 51 empirischen Studien errechneten durchschnittlichen Korrelationskoeffizienten von r = .347 einen durchaus signifikanten Zusammenhang von Einstellungen und Handeln nach, wobei jene Studien, in denen „attitudes towards ecology and the environment as a whole" erfaßt wurden, mit r = .338 einen niedrigeren Wert erzielten als solche, in denen die Variable „attitudes toward taking environmental action (...) and environmental behavior" untersucht wurde (r = .377). Kinder und Erwachsene erzielten den gleichen Wert (r = .328), Mitglieder von Umweltschutzorganisationen schnitten mit r = .593 auch hinsichtlich dieser Variablen deutlich besser ab.

Die Autoren haben ferner Studien über den Zusammenhang zwischen Alter, Einkommen, Schulbildung und Geschlecht einerseits und umweltbewußtem Verhalten andererseits in ihre Analyse einbezogen. Sie kommen zusammengefaßt zu folgenden Ergebnissen: Die durchschnittliche Korrelation mit dem Einkommen beträgt r = .162, mit dem Bildungsniveau r = .185, mit dem Alter r = .-151 und mit dem Geschlecht von r = .075. Diskussionswürdig ist in diesem Zusammenhang insbesondere die wider Erwarten niedrige Korrelation der Variablen mit dem Bildungsniveau.

2.3. Faktoren der Sozialisation

2.3.1. Naturerfahrung in der frühen Kindheit

Die Beziehung des Kindes zur natürlichen Umwelt ist schon seit geraumer Zeit Gegenstand der umweltpsychologischen Forschung, vor allem in den USA (Tuan 1978). Im Mittelpunkt des Interesses steht dabei die Frage, ob die Entwicklungsphase der Kindheit, unabhängig von ihrem jeweiligen kulturellen Kontext, von einem besonderen, in der Evolutionsgeschichte des Menschen begründeten Verhältnis bzw. einer Affinität zur Natur gekennzeichnet ist. Diese Annahme wird durch einige bereits genannte empirische Befunde gestützt (Bunting & Cousins 1985; 1987; Aho 1984; Aho et al. 1989). Ferner konnten Lynch & Lukashok in einer bereits 1956 erschienen Studie mit dem Titel „Some Childhood Memories of the City“ hinsichtlich der kindlichen Umweltwahrnehmung die herausragende Bedeutsamkeit natürlicher Elemente in der städtischen Umwelt sowie die nachhaltigen emotionalen Prägungen wahrgenommener Natur nachweisen:

> “The feelings and key elements that run through all the interviews on childhood memories have strong similarities. The remembered children were sharply aware of lawns and floor surfaces; they delighted in foliage, woods and green. There is a strong and pleasant memory for hills and for water in the landscape.” (Lynch & Lukashok 1956, S. 152).

In einigen neueren empirischen Studien wird u.a. der Frage nachgegangen, ob der individuelle Kontakt zur Natur im Kindesalter einen im umweltpädagogisch wünschenswerten Sinne prägenden und überdauernden Einfluß auf das Umweltbewußtsein hat. Langeheine & Lehmann (1986) kommen in der bereits mehrfach zitierten retrospektiven Befragung hinsichtlich der „persönlichen Naturerfahrung in Kindheit und Jugend“ bezüglich dieser Fragestellung zu folgendem Ergebnis:

> „Die Art und Weise, wie der Befragte als Heranwachsender Natur erlebte, ist durchaus von Einfluß sowohl für seine jetzigen Gefühle, sein Handeln als auch sein öko-

> logisches Wissen. Das gilt in besonderem Maßstab für das großstädtische Milieu" (S. 126).

Beachtenswert ist in diesem Zusammenhang die Feststellung der Autoren, daß sich unmittelbare Naturerfahrung in der Kindheit positiv auf das ökologische Handeln (des Erwachsenen) in der Privatsphäre auswirkt, und zwar indem Naturerfahrung „sowohl die Gefühle aktiviert, als auch das symbolische Handeln verstärkt" (S. 124).

Von Interesse ist ferner die von den Autoren in die Umweltbewußtseins-Diskussion eingebrachte „Mangelkompensations-Hypothese", die von ihnen folgendermaßen formuliert wird:

> „Wenn ein gewisser Mangel an einem Umweltobjekt existiert, kann die partielle Aufhebung dieses Mangels eine größere Wirkung erzielen als Objekte, die reichhaltig gegeben sind." (S. 110).

Diese Hypothese wird von den Autoren anhand der Unterschiede zwischen Land- und Stadtbewohnern konkretisiert: Sie fanden bei der Stichprobe aus Berlin einen größeren Einfluß direkter Erfahrung mit Natur sowohl auf das ökologische Wissen, als auch auf die Gefühle und das Handeln als bei der Stichprobe aus Schleswig-Holstein. Die Autoren kommen zusammenfassend zu folgender Einschätzung:

> „Die Wirkungen der Herkunftsfamilie durch ökologische Normen oder Kontaktmöglichkeiten mit der Natur, welche sie den Heranwachsenden anbietet, sind also durchaus in Rechnung zu stellen; die gefundenen direkten und indirekten Effekte sind zwar relativ gering, aber durchaus höher zu interpretieren, wenn man die besondere Meßproblematik in Rechnung stellt. In Berlin scheint dieser Einfluß stärker zu sein als im ländlichen Milieu (S. 127).

Einen weiteren Beleg für die Evidenz der letztgenannten Vermutung liefert die amerikanische Studie von Larson et al. (1982), die belegen kann, daß diejenigen Personen, die bis zu ihrem achtzehnten Lebensjahr in Städten aufgewachsen sind, später signifikant häufiger Mitglieder in Umweltschutzorganisationen sind, mithin also größeres Engagement und Interesse für Fragen des Natur- und Umweltschutzes aufbringen als entsprechende Landbewohner.

Klee & Berck (1992) konnten in ihrer ebenfalls retrospektiv angelegten Befragung von Mitgliedern von Naturschutzorganisationen weitere empirische Belege für die Bedeutsamkeit kindlicher Naturerfahrung erbringen. Die Autoren fassen ihre Ergebnisse wie folgt zusammen:

> „Ein bemerkenswertes Ergebnis unserer Befragung ist u.E., daß die nicht auf Personen bezogenen Anregungsfaktoren für eine aktive Mitarbeit im Natur- und Umweltschutz – ‚Naturbegegnung' und ‚Beschäftigung mit Tieren und Pflanzen' – die bei-

> den ersten Plätze einnehmen. Wir bezeichnen dies als ‚Affizierung durch die belebte Natur‘.“ (S. 226).

Von einem ähnlichen Befund berichtet Döring (1978), der aufgrund einer Befragung von Schülern und Eltern zu dem Ergebnis kommt, daß „direkte Begegnung mit Natur“ als Hintergrund für Interesse an Umweltfragen bedeutsam ist.

2.3.2. Bedeutsamkeit schulischer Umwelterziehung

Im Mittelpunkt des hier vorgestellten Forschungsvorhabens steht die Frage nach der Wirksamkeit von schulischer Umwelterziehung im Primarbereich. Eine Durchsicht der bisher vorliegenden englisch- und deutschsprachigen Veröffentlichungen förderte nur eine geringe Zahl von Arbeiten zu Tage, die dieser Fragestellung im engeren Sinne nachgehen oder die im Rahmen inhaltlich anders gelagerter Untersuchungen verwertbare Ergebnisse aufweisen. Um sich dennoch auf empirische Anhaltspunkte beziehen zu können, werden im folgenden auch Untersuchungen in höheren Schulstufen herangezogen, die grundsätzliche, auf die Primarstufe übertragbare Ergebnisse gefunden haben oder die im Zusammenhang mit anderen Fragestellungen bedeutsam erscheinende Hinweise auf die Wirksamkeit schulischer Umwelterziehung in der Primarstufe liefern.

In der einschlägigen Literatur wird vielfach gefordert, daß aussagekräftige empirische Untersuchungen zur Wirksamkeit von Umwelterziehung notwendig sind. So heißt es in der IPN-Studie von Eulefeld et al. (1988):

> „Empirische Forschung zur schulischen Umwelterziehung muß auf zwei Ebenen weiterentwickelt und intensiviert werden: Auf der Ebene didaktischer Fragestellungen und auf der Ebene der ‚Wirkungsforschung‘ (d.h. zu welchen Resultaten schulische Umwelterziehung führt). Beide Ebenen greifen ineinander über und sind als gleichrangig zu betrachten“ (S. 173).

Langeheine/Lehmann (1986) halten es in diesem Zusammenhang sogar für „die eigentlich wichtigere Frage (...), ob Unterricht überhaupt eine Auswirkung auf Aufbau und Modifikation von Umweltbewußtsein hat“ (S. 36).

Die erste kritische Zusammenfassung der bis 1980 in den USA, England und Australien erschienenen Studien zur Wirksamkeit von schulischer Umwelterziehung in den naturwissenschaftlichen Fächern hat Lucas (1980) unter dem bezeichnenden Titel „Science and environmental education: Pious hopes, self praise and disciplinary chauvinism“ vorgelegt. Diese Veröffentlichung wird im folgenden ausführlicher dargestellt, weil sie einige grundsätzliche und immer noch aktuelle Aspekte schulischer Wirkungsstudien behandelt.

Der Autor setzt sich im wesentlichen mit drei grundlegenden Problemen empirischer Wirkungsforschung auseinander, und zwar 1) dem zugrundeliegenden Verständnis und Konzept von Umwelterziehung, 2) dem methodischen Standard und 3) der Interdependenz von Wissen, Einstellungen und Verhalten in den von ihm berücksichtigten Arbeiten. Im ersten Teil der Veröffentlichung analysiert und kategorisiert der Autor die in den von ihm zitierten Studien verwendeten unterschiedlichen Definitionen von Umwelterziehung:

> "... the uses of the term 'environmental education' can be classified into education about the environment, education for the environment, education in the environment, and the classes formed by the combinations about and for, about and in, for and in, and about for and in the environment" (S. 2).

Im zweiten Teil des Artikels setzt sich Lucas mit dem methodischen Standard der hinzugezogenen Untersuchungen und ihrem Wert für die Beantwortung der Frage nach der Wirksamkeit von Umwelterziehung auseinander. Bei der Mehrzahl der von ihm berücksichtigen Arbeiten handelt es sich entweder um Berichte von Lehrern, die ihre Umwelterziehungsprogramme beschreiben oder um Studien über die Effektivität bestimmter Lehrmethoden, deren Ergebnisse aufgrund der oftmals sehr kleinen Stichproben und der geringen Reliabilität und Validität Lucas jedoch nicht für generalisierbar hält. Er faßt daher wie folgt zusammen:

> "We are left than, with many descriptions of programmes that do not provide evaluative evidence, and with doubts about the usefulness of the studies that do purport to investigate the effectiveness of environmental education programmes, the position that led to my description of much of this literature as 'self praise' and 'pious hopes'." (S. 13).

Abschließend kritisiert der Autor die in den berücksichtigten Veröffentlichungen vorherrschende Ansicht, daß Umwelterziehung sich auf die Entwicklung umweltbezogener Einstellungen konzentrieren solle. Lucas fordert demgegenüber nachdrücklich die Förderung umweltrelevanten Handelns. Dieser Zusammenhang wurde allerdings in neueren Studien, in denen die Wirksamkeit schulischer Umwelterziehung als Variable geprüft wurde, durchaus berücksichtigt (vgl. Langeheine & Lehmann 1986).

Im folgenden werden einige Einzelaspekte aus Wirkungsstudien zusammengefaßt, die von Lucas nicht berücksichtigt wurden und die nach 1980 erschienen sind.

Fenessy et al. (1984) haben in einer umfangreichen Untersuchung mit 1800 Schüler aus 3., 4. und 8. Klassen den Einfluß eines Simulationsspiels („Der Mensch in seiner Umwelt") im Vergleich mit lehrerzentriertem Unterricht zum gleichen Thema (als Kontrollgruppe) auf Wissen und Einstellungen mittels Vor- und Nachtest-Design überprüft. Die Autoren konnten keine signifikanten Unterschiede zwischen Versuchs- und Kontrollgruppe nachweisen. Sie interpretierten ihre Ergebnisse in dem Sinne, daß es „eine beträchtliche unkontrollierbare Bandbreite im Hinblick auf die von den Lehrern gewählten Aktivitäten und Lehrstile" gegeben habe (S. 24), die die Effektivität des in der Experimentalgruppe verwendeten Unterrichtsverfahrens überlagert habe. Howell & Warmbrod (1984) kommen in einer ähnlich konzipierten Studie mit älteren Schülern (11. und 12. Klasse) zu vergleichbaren Ergebnissen.

Gross (1977) konnte in einer Untersuchung mit pretest-posttest-Design bei 10jährigen Schülern, die an einem Umwelterziehungsprogramm in einem Umweltzentrum teilgenommen hatten, hingegen signifikante Veränderungen hinsichtlich der Einstellungen, der Wahrnehmung und des spezifischen Wissens feststellen, keine signifikanten Unterschiede jedoch in einer allgemeinen Umwelt-Einstellungsskala sowie der Frage nach dem bedeutendsten bzw. unbedeutendsten Umweltproblem. Eine weitere, nach einem Jahr durchgeführte Messung ergab, daß alle Werte (mit einer Ausnahme) immer noch deutlich über denen des Vortests lagen, wenngleich ein gewisser Abfall gegenüber dem ersten Nachtest festzustellen war.

Blum (1981) hat ebenfalls mit einem pretest-posttest-Design mit Experimental- und Kontrollgruppe (480 bzw. 490 12jährige Schüler) die Auswirkungen eines einjährigen Umwelterziehungsprogramms auf bestimmte Initiativen und Aktivitäten untersucht. Beide Gruppen wurden nach demselben Curriculum unterrichtet, es wurden jedoch unterschiedliche Unterrichtsverfahren angewendet. In der Experimentalgruppe wurde das Curriculum „Let's grow plants" verwendet, in dem das Thema vorrangig durch offene Fragen und Anregungen zur eigenständigen Problemlösung mittels Experimenten behandelt wurde. In der Kontrollgruppe wurde das gleiche Curriculum lehrerzentriert unterrichtet. Abhängige Variablen waren fünf Freizeitaktivitäten (Lesen der Texte, Lesen zusätzlicher Texte, Beobachtung von Pflanzen, Pflanzenbau, Experimente mit Pflanzen) und drei Schülerinitiativen (eigene Initiative, freiwillige Meldung auf Vorschlag des Lehrers und nach Aufforderung des Lehrers). Blum kommt zusammenfassend zu dem Ergebnis, daß die Experimentalgruppe im Nachtest bei allen Aktivitäten und Initiativen eine sehr bedeutsame Zunahme aufwies, die Kontrollgruppe hingegen (mit einer Ausnahme) eine deutliche Abnahme. Die deutlichsten Unterschiede zwischen Vor- und Nachtest traten bei der Aktivität „Experimentieren" sowie bei der eigenen Initiative auf. Hinsichtlich der Kontrollvariablen „Geschlecht" und „Lesefertigkeit" zeigten sich keine signifikanten Unterschiede.

Jaus (1982) hat in einer Studie mit Kontrollgruppen-Design, an der 53 zehnjährige Schüler aus zwei verschiedenen Klassen teilnahmen, den Effekt eines Umwelterziehungsprogramms überprüft. Auch diese Untersuchung konnte hinsichtlich der Einstellungen bei der Experimentalgruppe einen positiven Effekt nachweisen.

Die bisher genannten Untersuchungen lassen sich zusammenfassend als „Effektivitätsstudien“ charakterisieren, in denen das durch Schule vermittelte Wissen sowie damit in Zusammenhang stehende Einstellungsänderungen experimentell untersucht werden. Dieser Forschungsansatz basiert auf der bereits von Lucas (1980) kritisierten Annahme einer linearen Beziehung zwischen Wissen, Einstellungen und Handeln, nach der erfolgreiche Wissensvermittlung zwangsläufig zu den gewünschten Einstellungs- und Verhaltensänderungen führt. Das Hauptproblem bei der Beurteilung derartiger Studien besteht jedoch darin, daß in allen Fällen Kurzzeit-Effekte umweltpädagogischer Treatments überprüft wurden, während ein im umweltpädagogisch wünschenswerten Sinne verändertes, stabiles Umweltbewußtsein vermutlich nur das Resultat von Langzeit-Effekten sein kann.

Hines, Hungerford and Tomera (1986) haben in ihrer bereits ausführlich beschriebenen Studie die Ergebnisse der ihnen vorliegenden experimentellen Studien zur Wirksamkeit schulischer Umwelterziehung auf der Verhaltens-Ebene („responsible environmental behavior“) zusammengefaßt. Eine Meta-Analyse dieser Daten war aufgrund der geringen Anzahl der Untersuchungen und ihrer Verschiedenartigkeit jedoch nicht möglich, so daß die Autoren hier lediglich eine narrative Zusammenstellung der Ergebnisse vornehmen:

> "... classroom strategies, which included emphasis on a combination of the following factors were successful in increasing the incidence of environmental behavior: knowledge of environmental issues, discussions of alternative solutions on environmental problems, the development of issue investigation skills, environmental problem-solving skills, values discussions, and action-taking skills" (S. 6, vgl. auch Ash & Shore 1975; Ramsey & Rickson 1976).

Im deutschsprachigen Raum fand die Frage nach der Wirksamkeit schulischer Umwelterziehung bisher wenig Beachtung. Für den Primarbereich liegen gegenwärtig keine Studien vor, für den Sekundarbereich werden im folgenden einige relevante Untersuchungen vorgestellt, die Aussagen zur Wirksamkeit schulischer Umwelterziehung enthalten.

Bereits 1973/74 wurden im Rahmen der Untersuchung von Stäudel (1975) die Einstellungsänderungen bei den Schülern durch projektorientierte Umwelterziehung erhoben. Es zeigte sich, daß die Befragten durch diese Art des Unterrichts ein „geschlosseneres Meinungsbild“ zum Umweltschutz gewonnen hatten und sich ihre Einstellung zu Umweltfragen positiv veränderte. In einer Folgeuntersuchung konnten Dannies & Stäudel (1979) fünf Jahre später etwa 40% der Schüler, die an der ersten Untersuchung teilgenommen hatten, erneut befragen. Die

Projektteilnehmer wurden mit dem gleichen Test wie 1973/74 noch einmal befragt, und zusätzlich wurden Interviews durchgeführt. Ein Vergleich zwischen Projektteilnehmern und Nicht-Teilnehmern ergab, daß erstere sich nach fünfjährigem zeitlichem Abstand zwar kaum noch an Detail-Informationen im Zusammenhang mit dem zurückliegenden Umweltprojekt erinnern konnten, jedoch an dessen Arbeitsformen und Zielsetzungen. Sie antworteten zudem auf die vorgelegten Statements zu Umweltfragen kritischer und zeigten vermehrt positives Umweltverhalten. Dieser Nachtest konnte somit in der Tat einen Langzeiteffekt im Sinne einer nachhaltig positiven Beeinflussung des Umweltbewußtseins durch projektorientierten Umweltunterricht nachweisen.

Braun (1984) konnte in einer Untersuchung, bei der insgesamt 720 15–16jährige Schüler aus Hauptschulen und Gymnasien mit einem standardisierten Fragebogen befragt wurden, des weiteren belegen, daß Schüler mit Handlungserfahrungen in der Schule, d.h. Schüler, die im Rahmen des schulischen Unterrichts z.B. an einer Säuberungsaktion teilgenommen oder mit von Umweltproblemen Betroffenen diskutiert hatten, einen signifikant höheren Kenntnisstand aufwiesen als solche Schüler, die nicht über entsprechende Handlungserfahrungen verfügten (Braun 1987).

Langeheine & Lehmann (1986) sind in der bereits mehrfach zitierten Befragung Erwachsener auch der Frage nach der Wirksamkeit schulischer Umwelterziehung nachgegangen. Sie konnten anhand ihrer Ergebnisse jedoch lediglich einen meßbaren Einfluß der schulischen Umweltbildung auf das ökologische systematische Wissen nachweisen, es zeigte sich jedoch, daß „die Schule beim Aufbau ökologischer Gefühle versagt“ (S. 115). Die gleiche Feststellung treffen die Autoren auch bezüglich der beiden untersuchten Dimensionen des umweltorientierten Handelns (s.o.). Die von ihnen ferner untersuchten schulbezogenen Variablen (Intensität behandelter Umweltthemen und ökologische Einstellung des einflußreichsten Lehrers) erwiesen sich ebenfalls als „so gut wie völlig unbedeutend“ (S. 133).

Bei einer Bewertung der Befunde von Langeheine & Lehmann ist jedoch zu berücksichtigen, daß sie die Wirksamkeit schulischer Umwelterziehung nicht unmittelbar, z.B. durch die Befragung von Schülern erfaßt haben, sondern retrospektiv, also mittels der Erinnerung von Erwachsenen an ihren Unterricht in der Schule.

2.3.3. Medien

Eine der ersten Studien, die der Frage nachgegangen ist, woher Schüler der 5. Klassen ihr Umweltwissen beziehen, stammt von Swan (1970) und Towler & Swan (1972). Die Autoren kommen darin zu folgendem Ergebnis:

> "One of the most disturbing findings from an educational point of view, was that children reported that their knowledge of pollution (such as it was), came almost exclusively from television and newspapers and they were not learning about it in school" (Towler & Swan 1972, S. 55).

Bei einer Bewertung dieser Befunde muß jedoch berücksichtigt werden, daß es zum damaligen Zeitpunkt noch keine intensive schulische Umwelterziehung im heutigen Sinne gab. Außerdem haben sich im Laufe der zurückliegenden zwanzig Jahre sowohl das Angebot als auch die Nutzungsintensität verschiedenartiger Medien im Hinblick auf Kinder und Jugendliche qualitativ und quantitativ derart verändert, daß eine Übertragung der Ergebnisse von Towler & Swan auf die heutige Lebenswirklichkeit von (Grund-)Schülern nicht ohne weiteres möglich sein dürfte.

Alaimo (1978) sowie Alaimo & Doran (1980) konnten durch ihre Befragung 615 amerikanischer Schüler der Jahrgänge 7–12 weitere Belege für die Bedeutsamkeit von Medien für das Wissen über Umweltthemen ermitteln. Hinsichtlich altersspezifischer Unterschiede kommen sie jedoch zu dem Ergebnis, daß jüngere Schüler vorrangig das Fernsehen als Informationsquelle zu Umweltfragen nannten, ältere Schüler hingegen Zeitschriftenlektüre und schulische Kurse. Zu ähnlichen Ergebnisses für jüngere Schüler kommt die Studie von Richmond (1978), nach der etwa die Hälfte aller befragten Schüler aus 5. Klassen in England und Wales angab, ihr Wissen über Umweltthemen aus dem Fernsehen zu beziehen. Die im Zusammenhang mit der Studie von Towler & Swan (1972) genannten Kritikpunkte dürften jedoch in gleichem Maße für die Untersuchungen von Alaimo & Doran (1980) und Richmond (1978) gelten.

Szagun & Mesenholl (1991) fanden hingegen heraus, daß Jugendliche (9. Klasse) als Hauptquelle der Information über Umweltzerstörung Fernsehen bzw. andere Medien angaben, wohingegen jüngere Schüler (6. Klasse) vorrangig die Schule nannten. Zu berücksichtigen ist allerdings, daß in allen bisher genannten Untersuchungen die Selbsteinschätzung der Befragten erhoben wurde, jedoch keine Überprüfung dieser Aussagen, z.B. anhand des tatsächlichen Wissens, der Einstellungen oder des Verhaltens vorgenommen wurde.

Dieser Fragestellung wurde bisher nur in der der Studie von Langeheine & Lehmann (1986) nachgegangen. Hinsichtlich des ökologischen Wissens konnten sie jedoch keinen meßbaren Einfluß von Massenmedien (Fernsehen, Radio, Presse) auf den Aufbau systematischen ökologischen Wissens nachweisen. Eine Ausnahme bildeten lediglich Bücher mit ökologischen Inhalten. Ferner konnte kein Einfluß von Massenmedien auf die Gefühlsdimension und auf die Dimensionen des umweltorientierten Handelns festgestellt werden. Die Autoren fassen hinsichtlich der Wirksamkeit von Massenmedien zusammen, daß sie

> „fast nur ‚negative' Ergebnisse gefunden (haben). Weder bei den ökologischen Kenntnissen, noch bei den Gefühlen oder bei den Handlungsvariablen scheint es eine Rolle zu spielen, ob die Befragten generell viel oder wenig Radio und Fernsehen nutzen oder speziell ökologische Themen aus dem Programmangebot verfolgen" (S. 128).

2.4. Zentrale Ergebnisse und Tendenzen bisheriger empirischer Forschung

In den bisherigen Abschnitten des 2. Kapitels wurde der Versuch unternommen, die bisher vorliegenden und im Rahmen der vorliegenden Studie relevanten Befunde der empirischen Forschung zum Umweltbewußtsein von (Grund-) Schülern und zu dessen plausibel erscheinenden Determinanten zusammenzutragen. In dieser abschließenden Zusammenfassung sollen im folgenden die zentralen Aussagen und Tendenzen der hier berücksichtigten Arbeiten zusammengefaßt werden mit dem Ziel, bestehende Defizite in diesem Forschungsfeld aufzuzeigen.

Den Schülern wird in nahezu allen Untersuchungen ein „Halbwissen" bzw. ein „solides Halbwissen" (Malinowski et al. 1987) zu Umweltthemen attestiert, was konkret bedeutet, daß sie in der Regel etwa die Hälfte der jeweiligen Fragen richtig beantworten konnten (Richmond 1978; Eschenhagen 1982; Braun 1984; Blum 1987; Scherf & Bienengräber 1988). Hierbei ist allerdings zu berücksichtigen, daß Umweltwissen in den meisten Studien operational im Sinne von Schulwissen verstanden wird. Szagun & Mesenholl (1991) merken hierzu kritisch an:

> „Aus kognitionspsychologischer Sicht ist dieses ‚Halbwissen' wenig erstaunlich, da in den Untersuchungen unter ‚Wissen' ein Schulwissen abgefragt wird, man jedoch kaum davon ausgehen kann, daß Schulwissen in Reinform im Gedächtnis gespeichert wird" (S. 37).

Ein weiteres übereinstimmendes Ergebnis mehrerer Studien besagt, daß das Wissen über regionale und lokale Umweltprobleme bei Kindern und Jugendlichen offenbar geringer ausgeprägt ist als das über nationale bzw. globale, dem Einzelnen also in aller Regel fernerstehende Probleme (Towler & Swan 1972;

Braun 1984; Arcury & Johnson 1987; vgl. auch Bolscho 1989). Hiermit in Zusammenhang steht der Befund, daß viele Kinder und Jugendliche offenbar über ein hochentwickeltes Vokabular abstrakter Begriffe verfügen, die in Zusammenhang mit aktuellen Umweltthemen – insbesondere in den Medien – häufig genannt werden, ohne deren Bedeutung wirklich zu kennen (vgl. Towler & Swan 1972). Somit ist die Feststellung von Bolscho (1986), daß „Umweltwissen offenbar weitgehend isoliert von praktisch bedeutsamen Zusammenhängen bei Schülern vorhanden ist“ (S. 29), durchaus plausibel.

Einige Befunde sprechen dafür, daß der Ausbildungsstatus als bedeutsam für die Ausbildung des umweltrelevanten Wissens eine Rolle spielt (Langeheine & Lehmann 1986). Hinsichtlich geschlechtsspezifischer Unterschiede referieren die hier berücksichtigten Studien jedoch durchaus widersprüchliche Befunde. Die Mehrzahl der vorliegenden Arbeiten kommt zu dem Ergebnis, daß Mädchen bzw. Frauen über ein geringeres ökologisches Wissen verfügen als Jungen bzw. Männer (Braun 1984; Langeheine & Lehmann 1986). Die Untersuchung von Scherf & Bienengräber (1988) attestiert den Mädchen hingegen ein größeres Naturschutzwissen als den Jungen, und Eschenhagen konnte bei der Kenntnis heimischer Tierarten keinen eindeutigen geschlechtsspezifischen Unterschied feststellen.

Die Hauptschwierigkeit bei der Bewertung aller vorliegenden Befunde zum Umweltwissen besteht jedoch zusammengefaßt darin, daß, wie Bolscho (1989) kritisch anmerkt, bisher in der empirischen Forschung kein Konsens darüber besteht, was eigentlich als „angemessenes Umweltwissen“ zu bezeichnen ist.

Hinsichtlich der umweltbezogenen Einstellungen stellen die hier berücksichtigten Untersuchungen seit nunmehr zwanzig Jahren nahezu übereinstimmend fest, daß Schüler ein großes Maß an persönlicher Betroffenheit und Verantwortlichkeit bzw. eine „hohe Sensibilität für Umweltprobleme“ (Braun 1984, S. 324) aufweisen: „Kinder und Jugendliche werden in hohem Maße durch die zunehmende Umweltzerstörung bewegt und fühlen sich auch für eine Lösung der Probleme verantwortlich“ (Szagun & Mesenholl 1991, S. 38). Die bereits im Zusammenhang mit dem Umwelt-Wissen festgestellte Diskrepanz zwischen dem Einzelnen ferner stehenden Umweltaspekten und solchen, die im unmittelbaren Erfahrungsbereich liegen, setzt sich auch im Einstellungsbereich fort:

> „Es spricht einiges dafür, daß Schüler (...) sich der allgemeinen Bedeutsamkeit und Dringlichkeit von Umweltproblemen bewußt sind, je näher diese Probleme jedoch in den eigenen Erfahrungs- und Handlungsbereich hineinreichen, desto stärker werden Probleme nicht wahrgenommen oder verleugnet“ (Bolscho 1989, S. 8).

Hinsichtlich der grundlegenden naturfreundlichen Haltung bestehen offenbar keine ausgeprägten geschlechtsspezifischen Unterschiede, Mädchen scheinen ökologische Problemstellungen jedoch eher von einer subjektiv-emotionalen Seite zu betrachten (Horvat 1974; Alaimo & Doran 1978; Aho 1984; Aho et al. 1989) und mehr Ängste angesichts der Umweltbedrohung zu verspüren als Jungen (Bunting & Cousins 1985; 1987, Unterbruner 1989). Ein bedeutsamer Einfluß weiterer demographischer Variablen auf die Einstellungsdimension konnte bisher jedoch nicht schlüssig nachgewiesen werden.

Weiterhin scheint es so zu sein, daß Umwelteinstellungen in hohem Maße alters- bzw. entwicklungsabhängig sind. Kinder nehmen Umweltprobleme von einer subjektiven, stark Ich-bezogenen Warte aus wahr (Aho et al. 1989) und berücksichtigen dabei nur in sehr geringem Maße ökonomische bzw. gesellschaftliche Interdependenzen und Wechselwirkungen (Towler & Swan 1972), ein Umstand, der angesichts der Komplexität vieler Umweltprobleme und fehlender Partizipationsmöglichkeiten an umweltpolitischen Entscheidungsprozessen durchaus plausibel erscheint.

Während zum Wissen und zu Einstellungen von Schülern zu Umweltfragen eine Reihe z.T. widersprüchlicher empirischer Befunde vorliegen, gibt es zum tatsächlichen Umweltverhalten von Kindern und Jugendlichen bisher keine empirischen Untersuchungen (vgl. Bolscho 1989). Belegt scheint bisher lediglich die Tatsache, daß sich umweltorientiertes Handeln durch verschiedenartige Maßnahmen steuern läßt (vgl. Ash & Shore 1975; Dollase 1991; Minsel & Bente 1981). Über die Langzeitwirkung derartiger Verhaltensänderungen liegen jedoch noch keine Befunde vor. Auch in diesem Falle sind den realen Handlungsmöglichkeiten von Kindern aufgrund ihrer gesellschaftlichen Rolle jedoch enge Grenzen gesetzt.

In diesem Zusammenhang ist ferner auf neuere Untersuchungsergebnisse (Diekmann & Preisendörfer 1992) hinzuweisen, die zeigen, daß umweltbewußtes Verhalten in erheblichem Maße kontextabhängig ist: Menschen handeln, z.B. je nach Lebensumfeld, Bildungsstand, Geschlecht und Beruf in einzelnen Bereichen durchaus umweltbewußt (z.B. Energiesparen, Konsum, Abfallentsorgung), aber selten in allen oder auch nur den meisten der als relevant erachteten Bereichen. Da dies auch für Kinder und Jugendliche zutreffen dürfte, hier allerdings noch der – vermutlich maßgebliche – Einfluß des Elternhauses in Rechnung gestellt werden muß, ist eine Erfassung und Beschreibung umweltbewußten Verhaltens zwar durchaus möglich, die Einordung derartiger Befunde in ein theoretisches Konzept von Umweltbewußtsein jedoch überaus schwierig.

Bezüglich der Frage nach der Wirksamkeit schulischer Umwelterziehung hat sich die empirische Forschung bisher überwiegend darauf konzentriert, experimentell nachzuweisen, daß gewisse Unterrichtsmethoden bzw. -verfahren zu positiven Effekten auf Wissen, Einstellungen und Verhaltensweisen führen können

(Braun 1984; vgl. auch Bolscho 1988). Über die Langzeiteffekte derartiger Maßnahmen liegen bisher jedoch nur wenige Befunde vor (Dannies & Städel 1979). Hinsichtlich der in diesem Zusammenhang bedeutsamen Frage nach der Wirksamkeit der im schulischen Alltag praktizierten Umweltbildung auf die o.g. Dimensionen des Umweltbewußtseins gibt es, abgesehen von der Studie Brauns (1984), bisher keine unmittelbaren Erkenntnisse. Einige Hinweise sprechen jedoch für den Befund von Langeheine & Lehmann (1986), daß schulische Umwelterziehung lediglich im Wissensbereich meßbare Effekte zu erzielen in der Lage ist, beim Aufbau von umweltbezogenen Einstellungen und umweltorientiertem Handlungsweisen hingegen „versagt".

Naturerfahrung während der Kindheit scheint ein Prädiktor für umweltbezogene Einstellungen und umweltorientierte Verhaltensweisen zu sein, wie die Befragungen von Langeheine & Lehmann (1986) und Berck & Klee (1992) zeigen. Diese Befunde lassen aufgrund des in beiden Untersuchungen verwendeten Erhebungsverfahrens jedoch keine unmittelbaren Rückschlüsse auf die tatsächliche Rezeption und Bedeutsamkeit derartiger Erfahrungen im Kindesalter zu. Hierzu liegen bisher keine Befunde vor.

Zur Frage nach der Bedeutsamkeit von Medien für das kindliche Umweltbewußtsein liegen bisher ebenfalls keine schlüssigen Aussagen vor. Dies liegt jedoch wesentlich daran, daß sich in der kindlichen Medienwelt gerade in den letzten Jahren ein erheblicher qualitativer und quantitativer Strukturwandel vollzogen hat, der bisher im Zusammenhang mit der Umweltthematik von der empirischen Sozialforschung noch nicht hinreichend zur Kenntnis genommen worden ist. Unstrittig ist jedoch, daß Medien bei Kindern einen außerordentlich starken Einfluß auf die Perzeption und Strukturierung der sie umgebenden Wirklichkeit ausüben (Towler & Swan 1972; Richmond 1978; Braun 1984; Langeheine & Lehmann 1986). In welcher Weise sie jedoch auf Wissen, Einstellungen oder gar Handlungsweisen wirken, ist bisher noch nicht untersucht worden.

2.5. Die Defizite bisheriger empirischer Forschung

Das zentrale Defizit in der Forschung zum Umweltbewußtsein von Grundschülern ist gegenwärtig darin zu sehen, daß trotz zahlreicher und zum Teil widersprüchlicher Einzelbefunde bisher noch nicht der Versuch unternommen wurde, die komplexe Disposition „Umweltbewußtsein" in einzelne und für diese Altersstufe im Hinblick auf die kognitive Entwicklung relevante Dimensionen bzw. Variablen aufzugliedern, gewissermaßen ein altersgerechtes Modell zu entwerfen und dieses dann im Rahmen einer umfassenden Studie zu überprüfen – wie es Braun (1984) für Schüler der Sekundarstufe, Langeheine & Lehmann (1986) in ihrem retrospektiven Ansatz oder Kley & Fietkau (1978) und Urban (1987) in Erwachsenenbefragungen geleistet haben. Es liegen gegenwärtig zwar eine Reihe von Einzelbefunden vor, die zu Teilsaspekten des kindlichen Umweltbewußtseins Auskunft geben, die eigentlich wichtige Frage nach deren Interdependenz wurde jedoch, zumindest für diese Altersstufe, bisher unzureichend berücksichtigt. In diesem Zusammenhang ist ferner auf das weitgehende Fehlen von Erkenntnissen zum tatsächlichen umweltorientierten Verhalten in kindgemäßen Lebensvollzügen hinzuweisen.

Ein weiteres Defizit ist darin zu sehen, daß der Einfluß von bedeutsam erscheinenden unabhängigen Variablen wie Alter, Geschlecht, Herkunft (Stadt vs. Land) und soziale Herkunft bzw. Bildungshintergrund des Elternhauses auf die Dimensionen des kindlichen Umweltbewußtseins bisher wiederum nur in Einzelfällen, jedoch nicht systematisch und im Hinblick auf ihrer Wechselwirkungen überprüft wurde. Diesbezüglich liefern wiederum die Arbeiten von Braun (1984) und Langeheine & Lehmann (1986) bisher die produktivsten Ansätze, die jedoch konzeptionell und methodisch nicht ohne weiteres auf die Zielgruppe der vorliegenden Studie übertragbar sind.

Die zentrale Fragestellung dieser Untersuchung zielt darauf ab, den Einfluß der schulischen Umwelterziehung auf die Variablen des Umweltbewußtseins von Grundschülern zu überprüfen. Der weitaus größte Teil der bisher durchgeführten Wirkungsstudien konnte, wie bereits dargestellt, den Nachweis erbringen, daß mit verschiedenartigen umweltpädagogischen Treatments durchaus Effekte vor allem auf das Wissen und die Einstellungen, aber auch auf der Handlungsebene von Schülern bewirkt werden können. Derartige Studien lassen jedoch keine Aussagen über die Schulwirklichkeit an sich zu, sie haben in gewisser Weise Laborcharakter. Aus diesen Studien auf die Wirksamkeit schulischer Umwelterziehung, wie sie unter Alltagsbedingungen praktiziert wird, zu schließen, ist daher problematisch (vgl. Bolscho 1989). Aus diesem Grunde dürfte für die pädagogische Praxis eine Studie von Nutzen sein, die aufgrund der Untersuchung der „real existierenden" Umwelterziehung an den Grundschulen zu gültigen und zuverlässigen Aussagen über deren Wirksamkeit auf die verschiedenen Ebenen des Umweltbewußtseins der Schüler kommt.

Zu den bisher genannten Bereichen liegen zumindest einige Befunde vor, die es im Rahmen der vorliegenden Studie erlauben, Hypothesen zu formulieren. Der Kenntnisstand zur Bedeutsamkeit von Naturerfahrung bzw. Medien für das kindliche Umweltbewußtsein ist jedoch derart gering, daß eine Erhebung zu diesen Bereichen zum gegenwärtigen Zeitpunkt allenfalls hypothesengenerierenden Charakter haben kann (siehe Kap. 6).

Aus den bisher genannten Defiziten ergeben sich gewisse Konsequenzen für Planung, Durchführung und Stichprobenzusammensetzung der vorliegenden Studie, die im Zusammenhang mit der Darstellung der Konzeption der vorliegenden Untersuchung im folgenden Kapitel erläutert werden.

3. Konzeption der Untersuchung

3.1. Variablen des Umweltbewußtseins

Wie am Ende des vorigen Kapitels ausgeführt, ist eines der zentralen Defizite der bisherigen empirischen Forschung zur Umwelterziehung bei Kindern darin zu sehen, daß bisher noch kein Versuch unternommen wurde, ein altersgerechtes und hinreichend differenziertes Konzept von Umweltbewußtsein zu entwickeln. Da zum gegenwärtigen Zeitpunkt also weder ein konsistentes theoretisches Modell noch ein entsprechender methodologischer Forschungsansatz vorlag, mußte im Rahmen dieser Untersuchung auf bewährte und validierte Ansätze aus der Erwachsenenforschung zurückgegriffen werden, deren Übertragung auf Kinder plausibel erschien. Dies waren für die Bundesrepublik vorrangig die Arbeiten von Kley & Fietkau (1979). Die Autoren haben auf der Grundlage der Untersuchungen von Maloney & Ward (1973) sowie Amelang et al. (1976) ein differenziertes Modell kognitiver Wahrnehmungsprozesse und ökologischer Attitüden erarbeitet, das als theoretische Grundlage bereits in der Schülerbefragung von Braun (1984) erfolgreich eingesetzt wurde. In Anlehnung an die genannten Studien wird das Konstrukt „Umweltbewußtsein" im Rahmen der vorliegenden Studie in folgende sechs Teilsaspekte gegliedert:

I. Umweltbezogene Einstellungen

Teilaspekt 1: Persönliche Betroffenheit

Die Skala „Persönliche Betroffenheit" repräsentiert die affektive Dimension des Umweltbewußtseins und gibt das Ausmaß an, in dem der Befragte angibt, durch die in den Items zum Ausdruck gebrachten Zustände und Entwicklungen gefühlsmäßig bewegt zu sein. Dieser Aspekt wurde im deutschsprachigen Raum im Rahmen von Schülerbefragungen bereits in den Arbeiten von Braun (1984), Unterbruner (1989) und Szagun & Mesenholl (1991) berücksichtigt, ferner in der Befragung von Langeheine & Lehmann (1986).

Teilaspekt 2: Wahrgenommene Ernsthaftigkeit

Die Skala „Wahrgenommene Ernsthaftigkeit" mißt die „kognitive Komponente der Attitüde und ist definiert als die subjektive Wahrscheinlichkeit, die der Proband dem Bestehen bedrohlicher Zustände und Entwicklungen zuschreibt" (Kley & Fietkau 1979, S. 15). Diese Einstellungsdimension wurde ebenfalls in der Studie von Braun (1984) erfaßt.

Teilaspekt 3: Verantwortlichkeit

Die „Verantwortlichkeitsskala" erfaßt den Grad, in dem jemand die Verantwortlichkeit für den Schutz der Umwelt bei sich selbst („intrapersonal") oder bei Umweltschutz-Organisationen, Regierung oder der Polizei („extrapersonal") lokalisiert. Diese beiden Variablen wurden in der Studie von Braun untersucht. Hinweise auf die Bedeutsamkeit dieses Variablen finden sich ferner in der Untersuchung von Szagun & Mesenholl (1991).

II. Umweltorientierte Handlungsbereitschaft

Teilaspekt 4: Tatsächliches umweltbezogenes Handeln

Die Skala „tatsächliches umweltbezogenes Handeln" („actual commitment") gibt das Ausmaß an, in dem sich der Befragte bisher tatsächlich umweltgerecht verhalten hat. Teilaspekte des konkreten Umweltverhaltens wurden u.a. in den Studien von Braun (1984), Holtappels et al. (1991) und Szagun (1991) sowie in der Befragung von Mitarbeiten in Natur- und Umweltschutzverbänden durch Klee & Berck (1991) untersucht. Eine weitere Ausdifferenzierung der Handlungsvariablen, wie sie z.B. von Braun (1984) vorgenommen wurde, erschien im Rahmen dieser Untersuchung im Hinblick auf die Zielgruppe nicht sinnvoll, da Grundschüler „von direkter politischer Betätigung noch weitgehend ausgeschlossen sind" (a.a.O., S. 324).

III. Umweltrelevantes Wissen

Teilaspekt 5: Handlungs-Wissen

Die Skala „Handlungs-Wissen" erfaßt Wissens-Aspekte, die als notwendige Voraussetzung für die Ausübung umweltgerechter Verhaltensweisen gelten können, wie z.B. Kenntnisse über Mülltrennung/Recycling oder Symbole mit umweltbezogenem Inhalt. Entsprechende Fragestellungen finden sich in dem Testteil „Umweltschutzwissen" der Untersuchung von Scherf & Bienengräber (1988), ferner in der Studie von Braun (1984).

Teilaspekt 6: Natur-Wissen

Die Skala „Natur-Wissen" erfaßt Kenntnisse über heimische Tiere und Lebensräume sowie die Beurteilung menschlicher Eingriffen in Öko-Systeme. Bei der Konstruktion dieser Skala konnte im deutschsprachigen Raum auf eine vergleichsweise größere Anzahl von Arbeiten, insbesondere aus dem Bereich der Biologie-Didaktik zurückgegriffen werden. Hinsichtlich der Kenntnis heimischer Tiere erwiesen sich z.B. die Studien von Eschenhagen (1982) und Etschenberg (1983) als hilfreich, ferner der Testteil „Naturschutzwissen" in der Untersuchung von Scherf & Bienengräber (1988).

3.2. Kriterien für die Hypothesenformulierung

Die Hypothesen einer Untersuchung sollten an den gegenwärtigen wissenschaftlichen Erkenntnisstand anknüpfen und von grundlegenden theoretischen Annahmen geleitet sein. Erst unter diesen Voraussetzungen ist es möglich, aufzuzeigen, „welche Fragen in einer Untersuchung zu stellen sind, auf welche Sachverhalte zu achten ist und welche Daten zu erheben sind, um die aus ihnen abgeleiteten Hypothesen zu widerlegen oder zu bestätigen (Kattmann 1983, S. 41). Ziel der im nun folgenden Kapitel dargelegten Überlegungen ist es daher, anhand der vorliegenden empirischen Erkenntnisse zum Umweltbewußtsein von Kindern sowie der bestehenden Defizite zu diesem Forschungsbereich eine theoriegeleitete Konzeption zu entwickeln, die in möglichst hohem Maße mit Beobachtungen in der Wirklichkeit übereinstimmt.

Die Wahrheit einer Theorie ist an sich nicht beweisbar (vgl. Popper 1973, S. 198). Eine Annährung an die Wahrheit kann approximativ erfolgen, wobei der Erkenntnisfortschritt letztlich in einem Wechsel der theoretischen Annahmen besteht. Voraussetzung dafür ist allerdings, daß eine Theorie einen möglichst hohen empirischen Gehalt besitzt und einer strengen Prüfung unterzogen wird (vgl. Wellenreuther 1982, S. 51). Nur auf diese Weise ist eine Falsifikation möglich. Die alte Theorie kann durch eine neue, die Wirklichkeit zutreffender beschreibende ersetzt werden, die all das erklärt, was bereits die alte erklärte und darüber hinaus die Sachverhalte, die im Widerspruch zur alten Theorie stehen (vgl. Gadenne 1976, S. 55). Die neue Theorie hat somit einen größeren empirischen Gehalt und stellt einen Erkenntnisfortschritt dar.

Ausgehend vom gegenwärtigen Forschungsstand zum Umweltbewußtsein von Grundschülern und den vorhandenen Defiziten ist es notwendig, die grundlegenden Fragestellungen der vorliegenden Untersuchung zu präzisieren und zum Zweck der empirischen Überprüfung als Hypothesen zu formulieren. Diese sollten informativ sein, das heißt, sie müssen bestimmte Ereignisse ausschließen, um empirisch widerlegbar zu sein. Eine Hypothese ist umso informativer, je größer ihr Anwendungsbereich ist und je präziser Wirkungen vorhergesagt werden (vgl. Wellenreuther 1982, S. 35).

Die Präzision einer Vorhersage hängt wesentlich von der Exaktheit der verwendeten Begriffe (Operationalisierung, Skalenniveau) ab. Tautologische bzw. „Kann-Hypothesen“, kontradiktorische und logisch falsch abgeleitete Hypothesen sind daher unbrauchbar (vgl. Bortz 1979, S. 6). Schließlich müssen die einzelnen Hypothesen untereinander widerspruchsfrei sein.

3.3. Die Hypothesen

Hauptziel der vorliegenden Untersuchung ist die Überprüfung der Wirksamkeit schulischer Umwelterziehung auf die Einstellungs-, Wissens- und Handlungsdimension des Umweltbewußtseins von Schülerinnen und Schülern der Primarstufe. Folgende zentrale Hypothese soll statistisch geprüft werden:

Qualität und Umfang der schulischen Umwelterziehung beeinflussen das Umweltbewußtsein von Grundschülern. Je mehr gute Umwelterziehung ein Grundschüler erfahren hat, desto stärker ausgeprägt ist sein Umweltbewußtsein.

Da Umweltbewußtsein als mehrdimensionales Konstrukt definiert wird (vgl. Kap. 2.1.2.), das im Rahmen der vorliegenden Untersuchung in verschiedene, im Hinblick auf die Zielgruppe für relevant erachtete Teilsaspekte untergliedert sind, wird diese zentrale Hypothese weitergehend spezifiziert:

<u>Hypothese 1</u>:

Qualität und Umfang der schulischen Umwelterziehung haben einen Einfluß auf die umweltbezogenen Einstellungen von Grundschülern. Je mehr gute Umwelterziehung ein Grundschüler erfahren hat, desto stärker ist seine persönliche Betroffenheit durch Umweltprobleme.

<u>Hypothese 2</u>:

Qualität und Umfang der schulischen Umwelterziehung haben einen Einfluß auf die umweltbezogenen Einstellungen von Grundschülern. Je mehr gute Umwelterziehung ein Grundschüler erfahren hat, desto ernsthafter nimmt er Umweltprobleme wahr.

<u>Hypothese 3</u>:

Qualität und Umfang der schulischen Umwelterziehung haben einen Einfluß auf die umweltbezogenen Einstellungen von Grundschülern. Je mehr gute Umwelterziehung ein Grundschüler erfahren hat, desto ausgeprägter ist seine Verantwortlichkeit für die Lösung von Umweltproblemen.

<u>Hypothese 4</u>:

Qualität und Umfang der schulischen Umwelterziehung haben einen Einfluß auf das umweltorientierte Handeln von Grundschülern. Je mehr gute Umwelterziehung ein Grundschüler erfahren hat, desto mehr umweltorientierte Verhaltensweisen zeigt er.

Hypothese 5:

Qualität und Umfang der schulischen Umwelterziehung haben einen Einfluß auf das umweltrelevante Wissen von Grundschülern. Je mehr gute Umwelterziehung ein Grundschüler erfahren hat, desto größer ist sein Handlungs-Wissen.

Hypothese 6:

Qualität und Umfang der schulischen Umwelterziehung haben einen Einfluß auf das umweltrelevante Wissen von Grundschülern. Je mehr gute Umwelterziehung ein Grundschüler erfahren hat, desto größer ist sein Natur-Wissen.

3.4. Design der Untersuchung

Da das Ziel empirischer Forschung in der Regel die strenge Prüfung theoriegeleiteter Hypothesen ist, bietet sich zu diesem Zweck ein experimentelles Design an. Nun sind schulische und unterrichtliche Prozesse von einer Vielzahl von interdependenten Bedingungsfaktoren abhängig, die sowohl im außerschulischen Bereich angesiedelt sein können, dem sozialen Umfeld des Kindes etwa, als auch durch die Schule selbst bedingt sind, z.B. die Unterrichtsorganisation, die Persönlichkeit des Lehrers, die räumlichen Gegebenheiten usw.. Daher kann Unterricht aufgrund seiner Komplexität nur schwer zu einem experimentellen Setting umgestaltet werden, ohne dadurch gleichzeitig seinen Gehalt an Wirklichkeit zu verlieren. Das Ziel quantitativer empirischer Forschung in schulischen Kontext muß es daher sein, möglichst viele Kriterien des Experiments zu erfüllen, ohne dadurch die Abbildung der Wirklichkeit an sich zu verändern oder zu reduzieren.

Die vorliegende Untersuchung kann dennoch nicht alle Kriterien eines Experimentes erfüllen. Die untersuchte Teilpopulation, also die befragten Schulklassen, bestanden zum Untersuchungszeitpunkt bereits, die im Experiment unerläßliche Randomisierung war daher ausgeschlossen. Ferner wurde der Effekt qualitativ und quantitativ unterschiedlicher Umwelterziehung erst im nachhinein („ex post facto") erhoben. Die vorliegende Untersuchung läßt sich daher zutreffender als „quasiexperimentell" charakterisieren (Campbell & Stanley 1963; Hays & Winkler 1970). Das wesentliche Charakteristikum quasiexperimenteller Designs wird von Bortz (1984) wie folgt beschrieben:

> „Die quasiexperimentelle Untersuchung vergleicht natürliche Gruppen (z.B. verschiedene Schulklassen) und eine experimentelle Untersuchung vergleicht zufällig zuammengestellte Gruppen" (S. 30).

Die Datenerhebung „ex post facto“ im quasiexperimentellen Design weist aus den o.g. Gründen eine geringere interne Validität auf als eine experimentelle Untersuchung unter streng kontrollierbaren und im Experiment systematisch variierten Bedingungen. Da die Zuordnung der Untersuchungseinheiten zu den Stufen der unabhängigen Variablen vorgegeben, also nicht willkürlich manipulierbar ist, besteht zudem die Gefahr, daß die zu überprüfende Variable von weiteren Variablen, die die abhängigen Variablen ebenfalls beeinflussen, überlagert wird, so daß letztlich nicht eindeutig entschieden werden kann, welche unabhängigen Variablen für die Unterschiede bei den abhängigen Variablen verantwortlich sind. Aus diesem Grunde ist es erforderlich, nach Durchsicht der zu diesem Forschungsbereich bereits vorliegenden Ergebnisse alternative Erklärungsmöglichkeiten zu antizipieren und in die Versuchsplanung einzubeziehen.

Die bisherigen Ergebnisse empirischer Forschung zur Umwelterziehung im schulischen Kontext deuten darauf hin, daß (das kindliche) Umweltbewußtsein, abgesehen vom (potentiellen) Einfluß der Schule, wesentlich von sozialgeographischen und demographischen Faktoren wie Alter, Geschlecht, Bildungsgrad des Elternhauses und Wohnort (Stadt vs. Land) (mit-)bestimmt wird (vgl. Kap. 2). Obwohl die im ersten Teil dieser Studie referierten empirischen Befunde durchaus widersprüchlich sind, erscheint die Bedeutsamkeit dieser Variablen in der Literatur hinreichend belegt. Der dieser Untersuchung zugrundeliegende Forschungsansatz ist daher, ebenso wie in der Studie von Langeheine & Lehmann (1986), sozialisationsorientiert. (vgl. auch Fietkau 1984). Aus diesem Grunde wird, abgesehen von der eigentlichen Hypothesenprüfung, der Einfluß folgender unabhängiger Kontrollvariablen überprüft:

- Wohnort („Stadt vs. Land“)
- Sozialer Status („hoch vs. niedrig“)
- Geschlecht („Jungen vs. Mädchen“)
- Klassenstufe („3. vs. 4. Klasse“).

Die folgende Übersicht veranschaulicht die dieser Studie zugrundeliegenden Beziehungen der unabhängigen Variabalen (im folgenden UV) und der abhängigen Variablen (im folgenden AV):

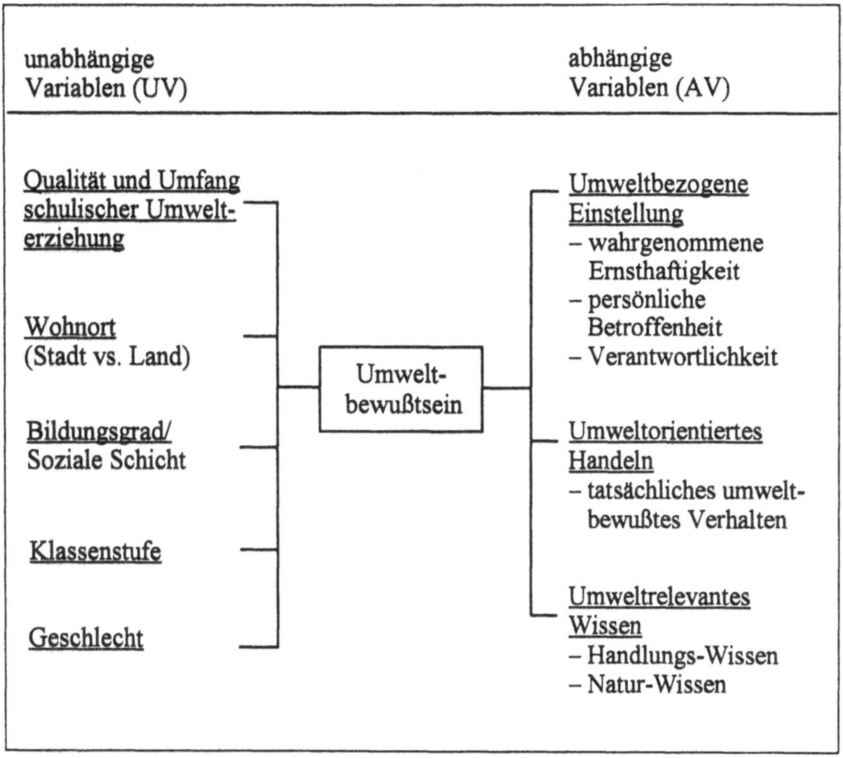

Zur Hypothesenprüfung erscheint im vorliegenden Falle eine multifaktorielle Varianzanalyse geeignet. Dabei handelt es sich um ein statistisches Verfahren, das aufgrund des Vergleichs der durchschnittlichen Abweichungsquadrate einer Messung vom Mittelwert der Stichprobe Aussagen sowohl über die Haupteffekte der unabhängigen auf die abhängigen Variablen als auch über die Bedeutsamkeit der Interaktionen der unabhängigen Variablen zuläßt.

3.5. Versuchsplan und Stichprobe

Die vorliegende Studie hat zum Ziel, die gegenwärtige Situation der Umwelterziehung in der Primarstufe möglichst wirklichkeitsnah zu erfassen bzw. zu beschreiben. Aus diesem Grunde werden die tatsächlichen umwelterzieherischen

Unterrichtsaktivitäten in den zu befragenden Klassen innerhalb eines definierten Zeitraumes erfaßt. Dazu ist eine Befragung der das Fach Sachunterricht erteilenden Lehrer erforderlich, da „Umwelterziehung in der Grundschule (...) im Sachunterricht angesiedelt (ist)" (Eulefeld et al. 1988, S. 90). Die so gewonnenen Daten dienen darüber hinaus als Grundlage für die Prüfung der Hypothese, daß Umwelterziehung einen nachweisbaren Effekt auf das Umweltbewußtsein, also auf Wissen, Einstellungen und Handlungsweisen der Schüler hat. Daher müssen in einem weiteren Schritt auch die von den befragten Lehrern unterrichteten Schüler befragt werden. Da diese Datenerhebung jedoch „ex post facto" erfolgt, besteht keine Möglichkeit, eine Schülerpopulation zu erfassen, die sich hinsichtlich der Ausprägung der im Unterricht genossenen Umwelterziehung vorab in zwei deutlich kontrastierende Teilstichproben aufteilen läßt. Dies kann im vorliegenden Falle erst im Nachhinein, eben „ex post facto" geschehen, und zwar, indem man aus der vorhandenen Gesamtstichprobe zwei Teilstichproben zieht, die sich hinsichtlich der Ausprägung des Merkmales „viel bzw. wenig Umwelterziehung" eindeutig unterscheiden. Da ferner der Einfluß der bedeutsam erscheinenden unabhängigen Variablen Alter, Geschlecht, Klassenstufe und soziale Schichtenzugehörigkeit auf die abhängigen Variablen des Umweltbewußtseins unabhängig voneinander überprüft werden soll, ist ein Versuchsplan erforderlich, der alle fünf unabhängigen Variablen sowohl einzeln als auch im Hinblick auf ihre Wechselwirkungen angemessen berücksichtigt. Daher wird im Rahmen der vorliegenden Untersuchung eine geschichtete Stichprobe angestrebt, die die fünf unabhängigen Variablen gleichgewichtig repräsentiert. Aus diesem Grunde ist es erforderlich, bereits bei der Auswahl der zu befragenden Lehrer und Klassen eine ausgewogene Verteilung im Hinblick auf die unabhängigen Variablen demograhpischer Art anzustreben, d.h. ungefähr die gleiche Anzahl von Stadt- und Landschulen, 3. und 4. Klassen und Klassen, die sich hinsichtlich der Bildungssituation des Elternhauses unterscheiden, zu befragen. Eine entsprechende Verteilung von Jungen und Mädchen in den zu befragenden Klassen wird als gegeben vorausgesetzt. Die Zuteilung der Klassen bzw. Schüler entsprechend der Kategorie „viel bzw. wenig Umwelterziehung" kann jedoch erst nach Auswertung der Lehrerbefragung erfolgen. Dies hat zur Folge, daß zunächst eine große Zahl von Schülern bzw. Klassen befragt werden muß, um am Ende alle Zellen des Versuchsplanes mit der gleichen Anzahl von Probanden besetzen zu können. Die folgende Abbildung zeigt den Versuchsplan:

Abb. 3.5.1: Versuchsplan der vorliegenden Untersuchung

	wenig Umwelterziehung				viel Umwelterziehung			
	3. Klassen		4. Klassen		3. Klassen		4. Klassen	
	weibl.	männl.	weibl.	männl.	weibl.	männl.	weibl.	männl.
Stadt hoch	n = 15	n = 15	n = 15	n = 15	n = 15	n = 15	n = 15	n = 15
Stadt niedrig	n = 15	n = 15	n = 15	n = 15	n = 15	n = 15	n = 15	n = 15
Land hoch	n = 15	n = 15	n = 15	n = 15	n = 15	n = 15	n = 15	n = 15
Land niedrig	n = 15	n = 15	n = 15	n = 15	n = 15	n = 15	n = 15	n = 15

Bei einem Stichprobenumfang von n = 15 pro Zelle ergibt sich bei fünf unabhängigen Variablen insgesamt ein Stichprobenumfang von n = 480.

3.6. Aufbau des Erhebungsmaterials

Im Rahmen der Untersuchung wurden zwei verschiedene Fragebögen eingesetzt, und zwar ein Lehrer- und ein Schülerfragebogen (siehe Anhang). Der Lehrerfragebogen diente in erster Linie dazu, die unabhängige Variable „Umfang und Qualität des erteilten Umweltunterrichts" zu operationalisieren. Ferner sollte er einige deskriptive Daten der Stichprobe liefern, um mögliche Erklärungszusammenhänge zwischen Lehrerpersönlichkeit und Art und Umfang des Umweltunterrichtes herstellen zu können. Bei der Konstruktion dieses Fragebogens wurde der Fragebogen der IPN-Studie von Eulefeld et al. (1986) zugrunde gelegt und für die spezifischen Anforderungen einer Wirkungsstudie im Primarbereich modifiziert (vgl. Kap. 4).

Im Schülerfragebogen wurden die drei Dimensionen des Umweltbewußtseins (Wissen-, Einstellungs- und Handlungsebene) bzw. deren Sub-Skalen jeweils durch einen Item-Satz operationalisiert. Darüber hinaus enthält er einige Fragen zu umweltpädagogisch relevanten Aspekten des Freizeit- und Medienverhaltens der befragten Schüler.

3.7. Organisation und Durchführung der Befragungen

Befragungen an Schulen müssen nach Vorlage aller Erhebungsinstrumente vom jeweils zuständigen Kultusministerium im Hinblick auf die geltenden Datenschutzbestimmungen geprüft und genehmigt werden. Die Entwicklung und Evaluation der für die Untersuchung vorgesehenen Fragebögen erfolgte im Zeitraum von August 1990 bis Januar 1991. Das Niedersächsische Kultusministerium erteilte die Genehmigung für die vorliegende Untersuchung im Februar 1991 mit der Auflage, daß von den Erziehungsberechtigten der zu befragenden Schülerinnen und Schüler eine schriftliche Einverständniserklärung zur Teilnahme vorliegen müsse (siehe Anhang).

Daraufhin wurden insgesamt 26 Grundschulen in Stadt und Landkreis Göttingen sowie in den Landkreisen Diepholz und Zeven ausgewählt. Bereits bei der Auswahl der Schulen wurde versucht, hinsichtlich der unabhängigen Variablen „Stadt/Land" und „soziale Schicht" eine ungefähr gleiche Anzahl von Schulen und Klassen für die Teilnahme an der Untersuchung zu gewinnen. In die Kategorie „Land" wurden Gemeinden mit bis zu 2000 Einwohnern aufgenommen[4]. Die Unterteilung nach „sozialer Schicht" konnte aus datenschutzrechtlichen Gründen nur anhand von sozialgeographischen Kriterien (Schulort und Einzugsgebiet der Schule) vorgenommen und durch anschließende Befragung der Lehrer in der Regel bestätigt werden[5].

Im nächsten Schritt wurden die Schulleiterinnen und Schulleiter der ausgewählten Grundschulen zunächst telefonisch über Zweck und Inhalt der Befragung informiert und um die grundsätzliche Bereitschaft zur Teilnahme an der Untersuchung sowie um die Möglichkeit eines persönlichen Gespräches mit den das Fach Sachunterricht erteilenden Lehrerinnen und Lehrern aller 3. und 4. Klassen gebeten. 24 Schulleiter erklärten ihre Breitschaft zur Teilnahme. Daraufhin wurden diese 24 Schulen besucht und den Lehrerinnen und Lehrern die Konzeption der Untersuchung sowie die zu verwendenden Fragebögen im einzelnen vorgestellt. Dabei wurde der geplante Ablauf der Befragung sowie die Auflagen des Kultusministeriums und die in diesem Zusammenhang relevanten Aspekte des Datenschutzes erläutert. Im Rahmen dieser Gespräche wurde ferner betont, daß es das Ziel der Untersuchung sei, möglichst alle im 3. und 4. Schuljahr Sachunterricht erteilenden Kolleginnen und Kollegen der ausgewählten Schulen für die Teilnahme an der Befragung zu gewinnen, um auf diese Weise ein annähernd wirklichkeitsnahes Bild der gegenwärtig praktizierten Umwelterziehung an niedersächsischen Grundschulen zu gewinnen. Dadurch sollte verhindert werden, daß sich nur die für die Belange der Umwelterziehung ohnehin besonders motivierten und engagierten Kolleginnen und Kollegen zur Teilnahme an der Befragung bereiterklären. An 19 der insgesamt 24 besuchten Schulen bekundeten daraufhin alle in Betracht kommenden Sachunterrichts-Lehrkräfte ihre Bereitschaft zur Mitarbeit. Insgesamt konnten letztlich 68 der 79 angesprochenen Kolleginnen und Kollegen mit ihren Klassen für die Untersuchung gewonnen werden. Die folgende Abbildung zeigt die Verteilung der an der Befragung teilnehmenden Schulen und Klassen hinsichtlich der Variablen „Stadt/Land" und „soziale Schicht":

Abb. 3.7.1: Verteilung der Schulen und Klassen bezüglich der UV „Stadt/Land" und „soziale Schicht hoch/niedrig"

	Land		Stadt	
	SS hoch	SS niedrig	SS hoch	SS niedrig
Anzahl Schulen n = 24	8	9	3	4
Anzahl Klassen n = 68	17	18	17	16

Einige Tage später wurden die Lehrerfragebögen und die Einverständniserklärungen für die Eltern der teilnehmenden Schüler verschickt. Die Befragung der 68 Schulklassen erfolgte im Zeitraum vom 16.5. bis 27.6.1991.

4. Ergebnisse der Lehrerbefragung

Bei der Konzeption der Lehrerbefragung wurde z.T. auf das empirisch bewährte Untersuchungsinstrumentarium der bereits mehrfach zitierten bundesweiten Studie von Eulefeld et al. (1988) zurückgegriffen. Dabei wurden jedoch einige dort behandelten Aspekte in der vorliegenden Arbeit im Hinblick auf deren Zielsetzung und die spezifische Situation im Primarbereich modifiziert. Im einzelnen wurde darauf verzichtet, die Einstellungen der Lehrer zu Umweltthemen und zu den institutionellen Rahmenbedingungen der Umwelterziehung sowie die Verfügbarkeit von für den Umweltunterricht bedeutsamen schulnahen Einrichtungen und Biotopen zu erheben. Die Fragen zu Umfang, Behandlung und Ausgestaltung der im Unterricht behandelten Themen wurde den Gegebenheiten der Grundschule angepaßt.

Die Angaben der Lehrer zur praktizierten Umwelterziehung bezogen sich auf Vorhaben während des zum Zeitpunkt der Befragung laufenden Schuljahres 1990/91, die Angaben zum Besuch von Fortbildungsveranstaltungen sowie zu umwelterzieherischen Aktivitäten wie z.B. Arbeitsgemeinschaften und Projekttage oder -wochen auf die zurückliegenden drei Jahre.

Wie schon im vorigen Kapitel ausgeführt haben insgesamt 68 von 79 befragten Lehrerinnen und Lehrern den Lehrerfragebogen (siehe Anhang) bis zum Abschluß der Befragung vollständig ausgefüllt zurückgesandt. Von diesen 68 waren 18% männlichen und 82% weiblichen Geschlechts (Frage 1).

4.1. Unterrichtssituation zum Zeitpunkt der Befragung

44% der befragten Lehrerinnen und Lehrer unterrichteten ihre Klasse seit einem Schuljahr, 35% seit zwei und 21% seit drei bzw. vier Schuljahren (Frage 2). 10% erteilten zum Zeitpunkt der Befragung bis zu 10 Wochenstunden, 69% 11 bis 20 und 21% mehr als 20 Wochenstunden in ihrer Klasse (Frage 2a). 1% aller Befragten unterrichtete neben Sachunterricht lediglich ein weiteres Fach, 25% zwei, 33% drei, 29% vier und 12% fünf weitere Fächer (Frage 2b). Die folgende Abbildung zeigt, um welche Fächer es sich dabei im einzelnen handelte:

Abb. 4.1.1.: Zum Befragungszeitpunkt (Schulj. 1990/91) unterrichtete Fächer in Prozent (n = 68)

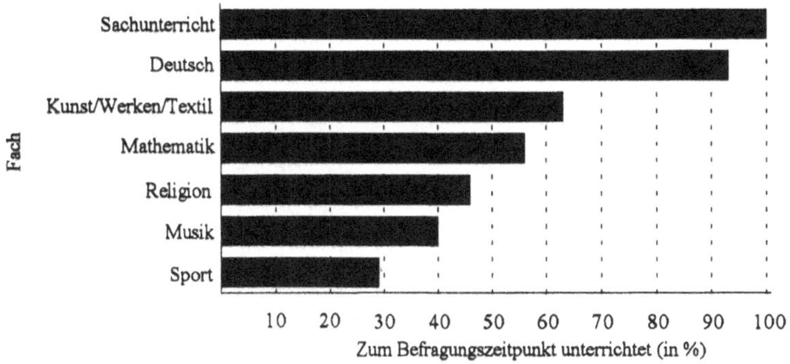

4.2. Aus- und Fortbildung der Lehrer

Im Hinblick auf die Fragestellung der vorliegenden Untersuchung haben die Angaben der Lehrer bezüglich ihrer Ausbildung und der Teilnahme an Fortbildungsveranstaltungen ausschließlich deskriptive Funktion. Auf eine differenzierte Kategorisierung dieser Angaben, wie sie z.B. in der der IPN-Studie (a.a.O.) vorgenommen wurde, wird verzichtet und lediglich die Häufigkeit der verschiedenen Ausbildungsfächer (Frage 3) angegeben:

Abb. 4.2.1.: Ausbildungsfächer der befragten Lehrer (n = 68)

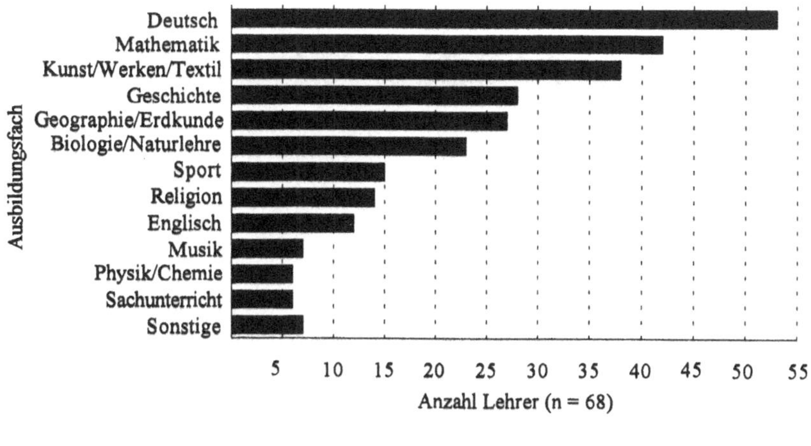

7% aller Befragten hatten ihr 1. Staatsexamen vor 1960 abgelegt, 39% zwischen 1961 und 1970, 48% zwischen 1971 und 1980 und 6% nach 1981 (Frage 4). Dies erklärt auch, daß nur sechs Lehrkräfte Sachunterricht als Ausbildungsfach angaben, da dieses Fach erst seit Ende der siebziger Jahre eigenständiges Studienfach ist.

Frage 6 des Lehrerfragebogens bezog sich auf die Häufigkeit der Teilnahme an Lehrerfortbildungsveranstaltungen oder Fachtagungen, die in inhaltlichem Zusammenhang mit Umwelterziehung standen. 16% aller Befragten hatten in den zurückliegenden drei Jahren an einer entsprechenden Fortbildungsveranstaltung teilgenommen, 4% an zwei und 1% an drei derartigen Veranstaltungen (Abb. 3). 71% aller genannten Veranstaltungen hatten im Rahmen der regionalen bzw. schulinternen Lehrerfortbildung („Schilf") stattgefunden. In 19% aller Fälle waren Angebote außerschulischer Bildungseinrichtungen (Umweltschutzorganisationen, Volkshochschule, Bildungseinrichtungen der Gewerkschaften) wahrgenommen worden. Die restlichen 3% entfielen auf Veranstaltungen des Niedersächsischen Lehrerfortbildungsinstituts (NLI), der zentralen Lehrerfortbildungseinrichtung Niedersachsens. Der Anteil der Befragten, der im Rahmen der Lehrerfortbildung Interesse für Fortbildungsveranstaltungen zu Inhalten der Umwelterziehung zeigte (= 21%), entspricht den Ergebnissen für den Grundschulbereich in der Studie von Helberg-Rode (1992) und liegt insgesamt etwas höher als der Wert in der IPN-Studie (Eulefeld et al. 1988), in der 18% für alle Schulstufen angegeben werden. Diese Steigerung dürfte auf eine Zunahme des Angebotes an derartigen Veranstaltungen in den letzten Jahren zurückzuführen sein.

Abb. 4.2.2.: Häufigkeit der Teilnahme an umweltrelevanten Fortbildungsveranstaltungen im Zeitraum von drei Jahren (n = 68)

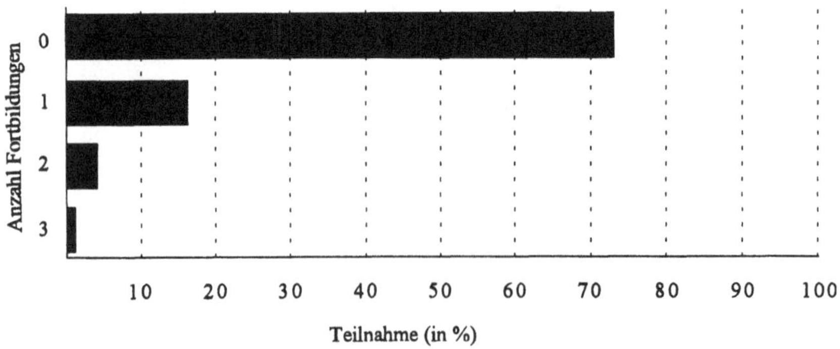

4.3. Umwelterzieherische Aktivitäten

In den Fragen 5 und 7 des Lehrerfragebogens wurde nach umwelterzieherischen Aktivitäten gefragt, die von den befragten Lehrkräften in den zurückliegenden drei Jahren außerhalb des regulären Unterrichts durchgeführt worden waren, z.B. Arbeitsgemeinschaften zu Umweltthemen, vergleichbare Aktivitäten im Rahmen von Projekttagen oder -wochen oder anderen Schulveranstaltungen (z.B. Schulfesten).

Lediglich 10 der befragten Lehrerinnen und Lehrer (= 15%) hatten in den letzten drei Schuljahren vor der Befragung in der Schule eine Arbeitsgemeinschaft (AG) angeboten, je einer zwei bzw. drei (Frage 5). Inhaltlich wurden schwerpunktmäßig die Themenkomplexe „Heimische Tier- und Pflanzenwelt" (5 Nennungen) und „Müll/Recycling" (3 Nennungen) angeboten, ferner undifferenziert „Umwelt-AGs" (4 Nennungen). Dieses geringe Angebot an Arbeitsgemeinschaften zur Umwelterziehung war laut Aussage vieler Schulleiter auf die unzureichende Lehrerversorgung an vielen der in die Befragung einbezogenen Grundschulen zurückzuführen: Die Hälfte der Schulen sah sich zum Befragungszeitpunkt gar nicht in der Lage, überhaupt Arbeitsgemeinschaften anzubieten.

In Frage 7 wurde erhoben, in welchem Umfang die befragten Lehrpersonen im Laufe der letzten drei Jahre im Rahmen eines Projekttages, einer Projektwoche oder einer anderen Schulveranstaltung (z.B. Schulfest, Tag der offenen Tür) Umweltthemen aufgegriffen oder angeboten hatten. 21% aller Befragten hatten dies im Rahmen eines Projekttages getan, 19% im Rahmen einer Projektwoche und 6% auf einer anderen Schulveranstaltung. Ein unmittelbarer Vergleich dieser Daten mit den entsprechenden Angaben der IPN-Studie (Eulefeld et al. 1988) und der Untersuchung von Stipproweit et al. (1992) ist aufgrund der unterschiedlichen Art der Fragestellung und des Erhebungszeitraumes jedoch nicht ohne weiteres möglich. In den genannten Studien wurde nach Projekttagen und -wochen im Zusammenhang mit im Unterricht behandelten Umweltthemen gefragt. Sie kommen übereinstimmend zu dem Ergebnis, daß Projekttage und -wochen nur „in sehr geringem Umfange ... in der Grundschule durchgeführt (werden)" (Stipproweit et al. 1992, S. 123). Die deutlich höheren Ergebnisse der vorliegenden Untersuchung dürften darauf zurückzuführen sein, daß hier alle derartigen Aktivitäten der zurückliegenden Jahre erfaßt wurden, also auch solche, die nicht ausschließlich und nicht in unmittelbarem Zusammenhang mit im Unterricht behandelten Umweltthemen standen.

In Frage 9 wurden die Lehrer gebeten, auf einer Skala von 1 („gering") bis 4 („groß") anzugeben, wie sie die „eigene Bereitschaft zur Intensivierung der

Umwelterziehung im Rahmen ihrer unterrichtlichen Möglichkeiten“ zum Befragungszeitpunkt einschätzten. Die folgende Abbildung zeigt das Ergebnis:

Abb. 4.3.1.: Bereitschaft zur Intensivierung der Umwelterziehung (n = 68)

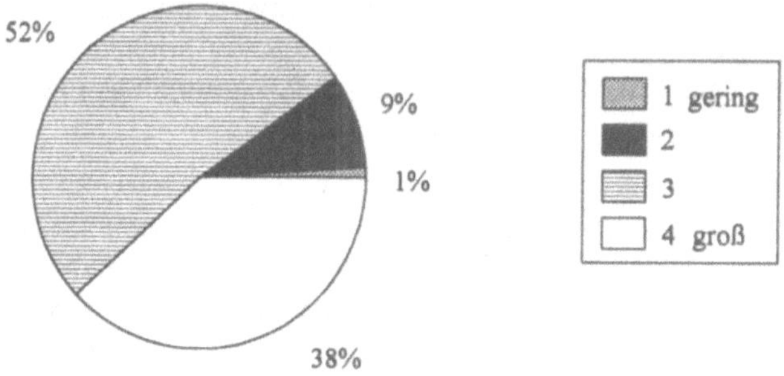

Die Abbildung veranschaulicht die Bereitschaft der Mehrzahl der befragten Lehrer zur Intensivierung der Umwelterziehung im Rahmen ihres Unterrichtes. Immerhin 90% von ihnen äußerten sich diesbezüglich positiv. Dieses Ergebnis zeigt, daß die Bedeutsamkeit der Behandlung von Umweltthemen von der überaus großen Mehrzahl der das Fach Sachunterricht erteilenden Lehrer anerkannt wurde.

In Frage 10 wurden die Befragten gebeten, das „Interesse ihrer Klasse an der Behandlung von Umweltthemen“ einzuschätzen:

Abb. 4.3.2.: Einschätzung des Schülerinteresses an der Behandlung von Umweltthemen (n = 68)

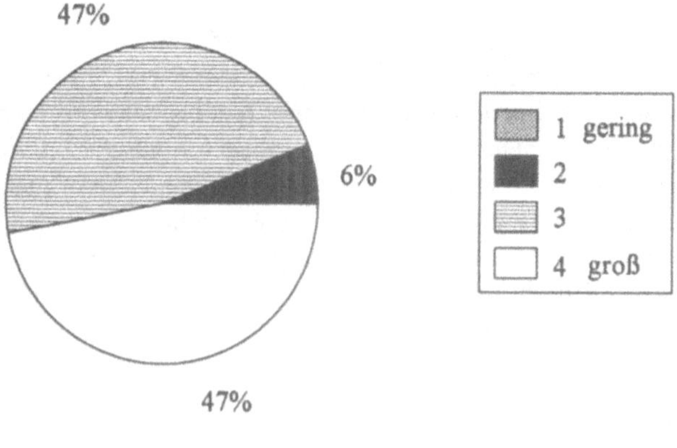

94% der befragten Lehrer hielten das Interesse ihrer Schüler an der Behandlung von Umweltthemen im Unterricht für relativ groß.

4.4. Merkmale des Umweltunterrichts

Im Hinblick auf eine Beurteilung des von den befragten Lehrerinen und Lehrern erteilten Umweltunterrichts wurde im Rahmen der vorliegenden Untersuchung das Schwergewicht auf die Erfassung der quantitativen und qualitativen Merkmale gelegt. Die Ergebnisse dieses Teils der Befragung werden im folgenden dargestellt.

4.4.1. Quantitative Merkmale des Umweltunterrichts

Ein bedeutsames Kriterium für die Beurteilung von Umweltunterricht ist die Anzahl der Unterrichtseinheiten bzw. Unterrichtsstunden, die im Rahmen des Sachunterrichtes für die Behandlung von Umweltthemen aufgewendet wurde, ferner die inhaltlichen Schwerpunkte, die dabei berücksichtigt wurden. In Frage 11 des Lehrerfragebogens wurde dementsprechend erhoben, welche der von den Niedersächsischen Rahmenrichtlinien für das Fach Sachunterricht in 3. und 4. Klassen zur unterrichtlichen Bearbeitung vorgeschlagenen Unterrichtsthemen zur Umwelterziehung im relevanten Befragungszeitraum (Schuljahr 1990/91) behandelt worden waren. Ferner wurde nach der Anzahl der Unterrichtsstunden gefragt, die jeweils für die Behandlung der einzelnen Themen aufgewendet worden war. In Frage 12 konnten die befragten Lehrerinnen und Lehrer weitere, nicht in Frage 11 vorgegebene, jedoch im relevanten Zeitraum behandelte Umweltthemen sowie deren zeitlichen Umfang aufführen. Insgesamt ergab diese Fragestellung also einen Überblick sowohl über die inhaltlichen Schwerpunkte als auch über die Gesamtstundenzahl der Umwelterziehung in den an der Befragung teilnehmenden Klassen.

Die folgenden zwei Abbildungen geben, getrennt nach Klassenstufen, zunächst Aufschluß darüber, von wieviel Prozent der Befragten die in den Rahmenrichtlinien vorgeschlagenen Themen mit welcher durchschnittlichen Stundenzahl behandelt wurden. Die Abbildungen enthalten ferner die gleichen Angaben für die zusätzlich behandelten Umweltthemen:

Abb. 4.4.1.1.: Prozentualer Anteil und durchschnittliche Stundenzahl der im Schuljahr 1990/91 in den 3. Klassen behandelten Umweltthemen; Z = in den RRL als Zusatzangebot gekennzeichnet (n = 35 Lehrer der 3. Klassen)

Im 3. Schuljahr behandelte Umweltthemen	Häufigkeit der Behandlung in Prozent	Umfang (in Schulstunden)
Wir lernen Tiere kennen u. gehen mit ihnen um	74	7,9
Wasserversorgung – Abwasserbeseitigung (Z)	29	8,1
Wir halten u. pflegen Pflanzen	77	6,5
Wir halten u. pflegen Tiere (Z)	43	6,1
Wir beobachten u. beschreiben Wachstum u. Entwicklung v. Tieren u. Pflanzen	74	6,0
Wir vergleichen u. gruppieren Tiere u. Pflanzen (Z)	51	4,4
Müllanfall u. Müllbeseitigung	49	11,8
Gesunde Ernährung	6	9,0
Natur- u. Umweltschutz allgem. (Artenschutz, Lebensraum Wald, Gewässerschutz)	9	5,7

Abb. 4.4.1.2.: Prozentualer Anteil und durchschnittliche Stundenzahl der im Schuljahr 1990/91 in den 4. Klassen behandeltenUmweltthemen; Z = in den RRL als Zusatzangebot gekennzeichnet (n = 33 Lehrer der 4. Klassen)

Im 4. Schuljahr behandelte Umweltthemen		Häufigkeit der Behandlung in Prozent	Umfang (in Schulstunden)
Wir lernen Tiere kennen u. gehen mit ihnen um		61	11,6
Freizeiteinrichtungen – Naherholungsgebiete	(Z)	70	7,3
Wir halten u. pflegen Pflanzen		67	6,2
Wir halten u. pflegen Tiere		30	6,6
Wir lernen Möglichkeiten der Vermehrung von Tieren u. Pflanzen kennen	(Z)	45	6,0
Wir vergleichen u. gruppieren Tiere u. Pflanzen		52	6,6
Müllanfall u. Müllbeseitigung		27	11,2
Wasserversorgung – Abwasserbeseitigung	(Z)	36	8,8
Das Bild des Bauernhofes wandelt sich	(Z)	9	6,7
Natur- u. Umweltschutz allgem. (Lebensraum Wald, Teich, Artenschutz)		42	7,4

Für die Behandlung eines Umweltthemas wurden durchschnittlich 7,5 Stunden aufgewendet, wobei der zeitliche Umfang in den 4. Klassen mit 7,8 Stunden etwas höher lag als in den 3. Klassen mit 7,3 Stunden. Der Durchschnittswert liegt damit geringfügig unter der von Hellberg-Rode (1992) im Schuljahr 1989/90 erhobenen Stundenzahl pro Unterrichtseinheit von 8,2 Stunden für das Fach Sachunterricht.

Hinsichtlich der Themenauswahl ist festzustellen, daß sich die Mehrzahl der Befragten an die inhaltlichen Vorgaben der Rahmenrichtlinien für das Fach Sachunterricht hielt und nur in relativ geringem Umfange dort nicht genannte Inhalte aus dem Bereich „Natur- und Umweltschutz“ (s.o.) im Unterricht behandelte. Diese Tendenz ist für die dritte Klasse erheblich ausgeprägter als für die vierte. So behandelten nur 9% aller befragten Lehrerinnen und Lehrer der dritten Klassen ein zusätzliches Thema gegenüber immerhin 42% in den 4. Klassen. Hierbei ist allerdings zu berücksichtigen, daß die Vorgaben der Rahmenrichtlinien bezüglich der zeitlichen Abfolge der unterrichtlichen Behandlung von Themen im Fach Sachunterricht nicht bindend für eine bestimmte Klassenstufe sind. Sie haben vielmehr Empfehlungscharakter. Die Niedersächsischen Rahmenrichtlinien für das Fach Sachunterricht (1982) führen hierzu aus:

> „... die Lerninhalte des Sachunterrichts (sind) auf vier Schuljahre und vier Lernfelder verteilt. Diese Aufteilung darf nicht als starre Abgrenzung verstanden werden. Sofern es aus besonderen Gründen notwendig ist, können Themen in das benachbarte Schuljahr übernommen werden.“ (S. 17).

Aus forschungsmethodischer Sicht zeigen die Ergebnisse, daß die nach Klassenstufen getrennte Vorgabe von Unterrichtsthemen aus den Rahmenrichtlinien im Lehrerfragebogen rückblickend nicht notwendig und darüber hinaus wenig sinnvoll war, da sie den Befragungsmodus und die Datenauswertung unnötig erschwerte. Methodenkritisch ist ferner anzumerken, daß gerade im Sachunterricht der Grundschule aufgrund der dort möglichen Flexibiliät bei der Unterrichtsorganisation seitens der befragten Lehrerinnen und Lehrer oftmals nur Schätzwerte bezüglich der für einzelne Unterrichtseinheiten aufgewendeten Stundenzahl angegeben werden konnten – dies wurde zumindest in mehreren Fragebögen als Randbemerkung angefügt. Begründet wurde diese Kritik damit, daß gerade Umweltthemen oftmals über einen längeren Zeitraum – im Sinne eines Unterrichtsprinzips – unterrichtsbegleitend behandelt oder mehrmals im Schuljahr in unterschiedlichen Zusammenhängen wieder aufgegriffen worden waren und demzufolge auch nicht als Unterrichtseinheit im herkömmlichen Sinne, d.h. mit klar definiertem Anfangs- und Endzeitpunkt, aufgefaßt werden könnten. Dieses grundsätzliche methodische Problem bei „ex post facto“ erhobenen (Lehrer-) Daten und die daraus resultierende Unschärfe ließe sich vermutlich durch den Einsatz von Längsschnittuntersuchungen, in denen die unterrichtlichen Aktivitäten der Lehrer über einen längeren Zeitraum quasi protokolliert werden, zumindest erheblich reduzieren.

Die folgende Abbildung zeigt, wiederum getrennt nach Klassenstufen, wieviele Unterrichtseinheiten zur Umwelterziehung von den befragten Lehrerinnen und Lehrern im betreffenden Zeitraum (Schuljahr 1990/91) erteilt worden waren:

Abb. 4.4.1.3.: Im Schuljahr 1990/91 behandelte Umweltthemen, getrennt nach Klassenstufen in Prozent (n = 68)

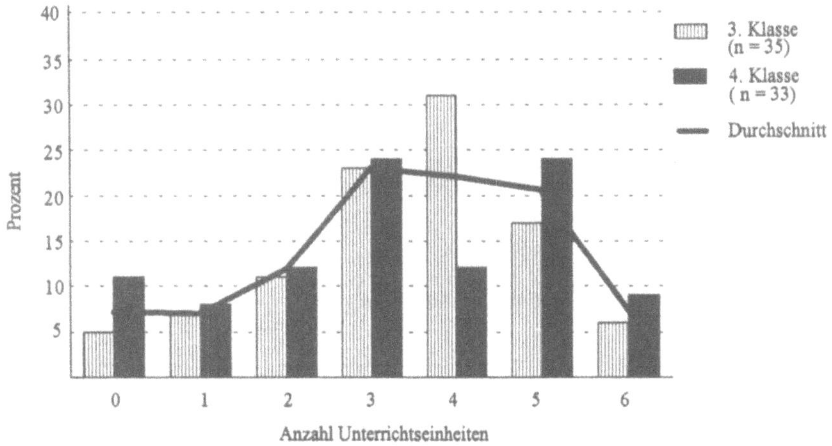

92% aller Befragten haben im Schuljahr 1990/91 zumindest ein Umweltthema bearbeitet, 73% drei bis sechs Umweltthemen (Abb. 4.4.1.3.). Diese Werte liegen somit deutlich sowohl über denen der IPN-Studie von 1985, in der 72,7% aller Befragten mindestens ein Umweltthema im Fach Sachunterricht behandelt haben, als auch über denen der Untersuchung von Hellberg-Rode, die zur gleichen Fragestellung auf einen Wert von 67,8% kommt.

Da pro Klasse insgesamt 3,0 Themen pro Schuljahr behandelt wurden, ergeben die Daten der vorliegenden Studie also ein Gesamtvolumen von 22,5 Stunden Umwelterziehung im Fach Sachunterricht pro Schuljahr, wobei nur ein geringer Unterschied zwischen 3. Klassen (= 3,1 UEs) und 4. Klassen (= 2,9 UEs) festzustellen ist. In diesem Punkt liegen die hier referierten Werte deutlich über denen der IPN-Studie von 1985, in der für das Fach Sachunterricht 2,2 Umweltthemen pro Schuljahr ermittelt wurden, als auch über denen der Wiederholungsstudie von Helberg-Rode (1992), die für das Fach Sachunterricht 1,8 Umweltthemen pro Schuljahr angibt.

4.4.2. Qualitative Merkmale des Umweltunterrichts

Die qualitativen Merkmale des Umweltunterrichts wurden im Rahmen der Lehrerbefragung über folgende Indikatoren erfaßt (vgl. Eulefeld et al. 1981; Mikelskis 1988):

I. Fächerübergreifende Themenbehandlung

II. Inhaltliche Schwerpunkte bei der Behandlung von Umweltthemen
   a) Problemorientierung
   b) Systemorientierung
   c) Persönliche Lebensgestaltung
   d) ästhetisch-sinnliche Naturerfahrung

III. Situationsorientierung

IV. Handlungsorientierung

V. Unterrichtsbegleitende umwelterzieherische Aktivitäten

4.4.2.1. Fächerübergreifende Themenbehandlung

Insgesamt 34% aller Befragten (Abb. 4.4.2.1.1.) haben Umweltthemen lediglich im Fach Sachunterricht behandelt. Bezogen auf die Gesamtzahl aller Unterrichtseinheiten zur Umwelterziehung wurden demgegenüber 49% aller behan-

Abb. 4.4.2.1.1.: Prozentuale Verteilung der fächerübergreifend behandelten Unterrichtsheiten, getrennt nach 3. und 4. Klassen (n = 68)

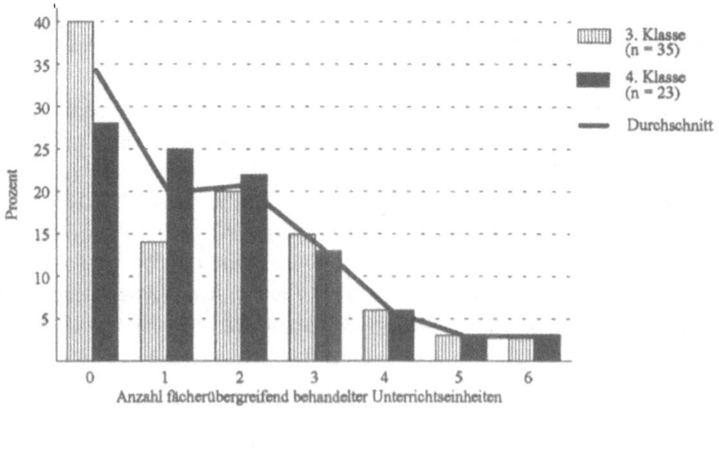

delten Themen fächerübergreifend unterrichtet, wobei dieser Anteil in 3. Klassen (47%) und 4. Klassen (50%) annährend gleich war. Dieser Wert liegt somit deutlich unter dem in der Studie von Hellberg-Rode (1992) genannten Anteil an fächerübergreifend behandelten Themen von 73%.

Eine fächerübergreifende Behandlung von Umweltthemen erfolgte in 59% aller Fälle in der Kombination Sachunterricht/Deutsch, gefolgt von Kunst, Werken und Textil mit 27% sowie Religion mit 8% und in Einzelfällen mit den Fächern Mathematik und Sport (Abb. 4.4.2.1.2.). Die fächerübergreifend behandelten Umweltthemen wurden zu 90% von den befragten Lehrpersonen selbst unterrichtet. Zu tendenziell gleichen Ergebnissen kommt die Untersuchung von Stipproweit et al. (1992). Diese in verhältnismäßig geringem Umfang praktizierte Kooperation von Lehrkräften bei der Behandlung von Umweltthemen resultiert in erster Linie aus dem grundschultypischen Klassenlehrer-Prinzip, mithin aus der relativ hohen Gesamtstundenzahl der Befragten in den von ihnen selbst unterrichteten Klassen.

Abb. 4.4.2.1.2.: Prozentuale Verteilung der fächerübergreifend unterrichteten Umweltthemen auf die beteiligten Fächer (n = 68)

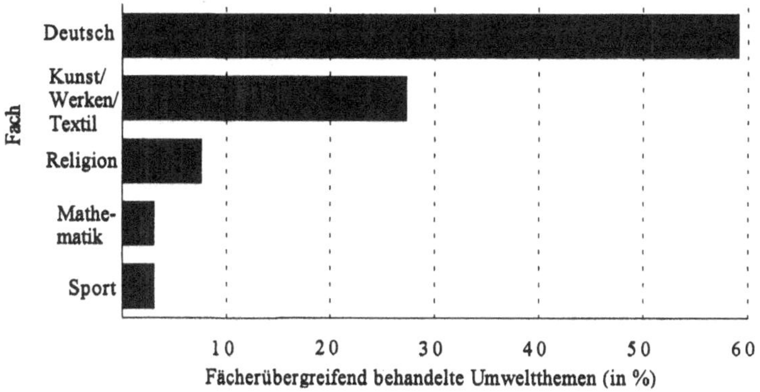

4.4.2.2. Inhaltliche Schwerpunkte bei der Behandlung von Umweltthemen

Frage 16 erfaßt über sechs Indikatoren die inhaltlichen Schwerpunkte der Befragten bei der Behandlung von Umweltthemen. In dieser Frage sind in Anlehnung an die IPN-Studie (Eulefeld et al. 1988) Aspekte der Problemorientierung (F16a, F16d, F16f), der Systemorientierung (F16c), ferner Aspekte der persönlichen Lebensgestaltung (F16b) sowie der ästhetisch-sinnlichen Naturerfahrung (F16e) enthalten. Zunächst die Einzelergebnisse, die in diesem Falle die Mittelwerte sowie die Standardabweichungen der Items auf einer vierstufigen Ratingskala von 1 („Wurde in diesem Schuljahr nicht berücksichtigt") bis 4 („Wurde in diesem Schuljahr sehr berücksichtigt") darstellen:

Abb. 4.4.2.2.1.: Inhaltliche Schwerpunkte bei der Behandlung von Umweltthemen (n = 68)

	$\bar{x}$	SD
F16a: Art und Ausmaß von Umweltbelastungen	2,3	1,2
F16b: Persönliche Lebensgestaltung und Umwelt	2,6	1,4
F16c: Grundaussagen der Ökologie	1,5	1,1
F16d: Konflikte zwischen Ökologie und Ökonomie	1,3	0,9
F16e: Vielfalt, Eigenart und Schönheit der Natur	2,5	1,4
F16f: Umweltprobleme verschiedener Lebens- und Wirtschaftsbereiche	1,9	1,2

In einem weiteren Schritt wurden die Korrelationskoeffizienten (Pearson Corr.) berechnet und in folgender Matrix zusammengefaßt:[6]

Abb. 4.4.2.2.2.: Korrelationsmatrix der inhaltlichen Schwerpunkte bei der Behandlung von Umweltthemen (Pearson Corr.) (n = 68)

	F16a	F16b	F16c	F16d	F16e	F16f
F16a	1.00					
F16b	.67	1.00				
F16c	.59	.44	1.00			
F16d	.56	.55	.65	1.00		
F16e	.63	.76	.48	.63	1.00	
F16f	.69	.63	.58	.71	.55	1.00

Die Ergebnisse zeigen, daß die Befragten ihre inhaltlichen Schwerpunkte bei der Behandlung von Umweltthemen deutlich auf Aspekte der persönlichen Lebensgestaltung sowie der sinnlich-ästhetischen Naturerfahrung legten. Diese Kombination weist mit r = .76 die höchste Korrelation aus, was einer aufgeklärten Varianz von 58% entspricht. Ebenfalls einen vergleichsweise hohen Mittelwert erzielte die Behandlung von Inhalten, die Art und Ausmaß von Umweltbelastungen thematisieren. Ein weiterer, jedoch im Unterricht seltener vertretener inhaltlicher Schwerpunkt kombinierte „Konflikte zwischen Ökologie und Ökonomie" mit „Umweltproblemen verschiedener Lebens- und Wirtschaftsbereiche". Hier beträgt die Korrelation r = .71, die aufgeklärte Varianz mithin 50%.

Die in Frage 17 erhobene Einschätzung der persönlichen Bedeutsamkeit der sechs genannten Aspekte für die Umwelterziehung in der Grundschule deckt sich hinsichtlich der Verteilung der Mittelwerte und der Standardabweichungen im wesentlichen mit dem bisher referierten Ergebnis (Abb. 4.4.2.2.3.). Aufgrund der hier verwendeten sechsstufigen Skala von 1 (unbedeutendster Aspekt) bis 6 (bedeutendster Aspekt) treten die Unterschiede jedoch noch deutlicher hervor:

Abb. 4.4.2.2.3.: Einschätzung der Bedeutsamkeit der in Frage 16 genannten Aspekte bei der Behandlung von Umweltthemen (n = 68)

	$\bar{x}$	SD
F16a: Art und Ausmaß von Umweltbelastungen	4,5	2,2
F16b: Persönliche Lebensgestaltung und Umwelt	5,0	2,7
F16c: Grundaussagen der Ökologie	2,2	2,0
F16d: Konflikte zwischen Ökologie und Ökonomie	2,0	1,1
F16e: Vielfalt, Eigenart und Schönheit der Natur	4,8	2,3
F16f: Umweltprobleme verschiedener Lebens- und Wirtschaftsbereiche	2,6	1,9

Diese Ergebnisse zeigen zwei in der Unterrichtspraxis vorherrschende didaktische Leitlinien bei der Behandlung von Umweltthemen auf: Einerseits eine individuell orientierte, die bemüht ist, die persönliche Verantwortung und das Engagement des Einzelnen anzusprechen, indem sie die Bedeutsamkeit der „persönlichen Lebensgestaltung“ im Zusammenhang mit Umweltfragen in den Vordergrund stellt und diese mit einem ästhetisch-sinnlichen Zugang über die „Vielfalt, Eigenart und Schönheit der Natur“ verbindet. Auf der anderen Seite eine kollektiv-analytisch orientierte Umwelterziehung, die durch die Thematisierung des „Konflikts zwischen Ökonomie und Ökologie“ und die Behandlung von „Umweltproblemen verschiedener Lebens- und Wirtschaftsbereiche“ im Umweltunterricht auf eine Erarbeitung derjenigen gesellschaftlichen Mechanismen und Widersprüche abzielt, die zahlreichen Umweltproblemen zugrundeliegen. Abb. 4.4.2.2.1. macht deutlich, daß die erste Leitlinie bei der Behandlung von Umweltthemen im Primarbereich quantitativ überwiegt. Diese Ergebnisse deuten in die gleiche Richtung wie die von Stokking (1993), der im Rahmen einer niederländischen Befragung aus einer Reihe von Items mittels Faktorenanalyse zwei voneinander relativ unabhängige Auffassungen über Umwelterziehung in Grundschulen vorfand: einerseits eine „Grüne“, die das Erleben von Natur und den lokalen (individuellen) Umweltschutz in den Vordergrund stellt, andererseits eine „Graue“, die eher als politische Bildung zu verstehen ist. Ein ähnliches Interpretationsmuster schlagen Ilien et al. (1992) vor, indem sie zwischen „Naturerlebnispädagogik“ und „Umweltschutzerziehung“ einerseits und „Umweltbildung ... als politische Bildung“ unterscheiden (S. 86 f.)

4.4.2.3. Situationsorientierung

Die Situationsorientierung gehört zu den zentralen didaktischen Leitlinien des Sachunterrichts in der Grundschule. Eine geeignete Auswahl von Lerninhalten dient dem Zweck, „dem Schüler Ausschnitte der Lebenswirklichkeit zu erschließen, soweit sie für ihn bedeutsam und zugänglich sind“ (Niedersächsische Rahmenrichtlinien für das Fach Sachunterricht 1982, S. 5). Diese Forderung gilt in besonderem Maße für die Umwelterziehung:

> „Situationsbezug weist darauf hin, daß Umwelterziehung in Situationen, die für das Alltagsleben der Kinder von Bedeutung sind, ihren Ausgangspunkt hat. (...) Der erzieherische Sinn situationsorientierter Umwelterziehung besteht nicht allein darin, daß Lernen anschaulich und lebensnah wird, sondern daß der Blick für Handlungschancen in der Umwelt geöffnet wird. ... situationsorientierte Umwelterziehung ist eine Möglichkeit zu erkennen, daß Umweltbedingungen zu weiten Teilen vom Men-

schen geschaffen und somit auch durch ihn veränderbar sind." (Bolscho 1987, S. 80).

Frage 15 des Lehrerfragebogens erfaßte dementsprechend den Anteil der Unterrichtseinheiten des laufenden Schuljahres, in denen im Rahmen des Unterrichts auf aktuelle und lokale, in der unmittelbaren Lebenswelt der Schüler angesiedelte Umweltereignisse Bezug genommen worden war. Die folgende Abbildung faßt die Ergebnisse, wiederum getrennt für 3. und 4. Klasse, zusammen:

Abb. 4.4.2.3.1.: Ergebnisse der Lehrerbefragung bezüglich der Variablen „Situationsorientierung im Unterricht" (n = 68)

Anz. UEs	0	1	2	3	4	5	6	gesamt	% aller UEs
3. Kl	12	11	8	2	–	–	–	33	48,4 %
4. Kl.	10	10	4	7	1	1	1	34	50,0 %
Ges.	22	21	14	9	1	1	1	67	49,2 %

Es zeigt sich, daß insgesamt 49% aller im Befragungszeitraum unterrichteten Unterrichtseinheiten nach dem Verständnis der Befragten situationsorientiert behandelt wurden, d.h. die Anknüpfungs- und Konkretisierungspunkte des Umweltunterrichts sich auf die unmittelbare Erfahrungswelt der Grundschüler bezogen. Auch hier ist der Unterschied zwischen 3. Klassen (= 48%) und 4. Klassen (= 50%) gering.

4.4.2.4. Handlungsorientierung

„Die Begründung für die Forderung nach einer handlungsorientierten Umwelterziehung liegt in den auf programmatischer Ebene formulierten Zielen, nämlich einen Beitrag zur Entwicklung des Umweltbewußtseins zu leisten. Denn es kann als weitgehend gesichert gelten, daß Umweltbewußtsein, das immer eine Handlungskomponente umfaßt, sich nicht allein über die Vermittlung von Wissen entwickelt, sondern daß Handlungserfahrungen innerhalb und außerhalb der Schule Voraussetzungen zur Entwicklung von Umweltbewußtsein sind. Die prägende Kraft des frühen Lernens spricht dafür, Handlungserfahrungen gerade in der grundschulbezogenen Umwelterziehung in den Mittelpunkt zu stellen." (Bolscho 1987, S. 87).

Der Handlungsbezug der Umwelterziehung wurde in Frage 18 des Lehrerfragebogens durch 12 Items operationalisiert, die inhaltlich wiederum eng an den entsprechenden Teil der IPN-Erhebung (Eulefeld et al. 1988) angelehnt waren. Jede der genannten Aktivitäten war von den Befragten auf einer vierstufigen Ratingskala dahingehend einzustufen, ob sie in allen von ihnen behandelten Umweltthemen im relevanten Befragungszeitraum (Schuljahr 1990/91) gar nicht (Stufe 1) oder häufig (Stufe 4) vorkam. Für jedes Item wurden Mittelwert und Standardabweichung sowie im Anschluß daran die jeweiligen Korrelationskoeffizienten (Pearson Corr.) zwischen den Items berechnet und in den Abbildungen 4.4.2.4.1 bzw. 4.4.2.4.2 zusammengestellt:

Abb. 4.4.2.4.1.: Ergebnisse der Lehrerbefragung bezüglich der Variablen „Handlungsorientierung im Unterricht" (n = 68)

	$\bar{x}$	SD
F18a: Einrichtung; Nutzung und Pflege von Umweltbereichen	1,6	1,3
F18b: Umwelt- bzw. Naturschutzarbeit	1,6	1,2
F18c: Naturbeobachtung	2,5	1,2
F18d: Besichtigung bzw. Erkundung	1,7	1,3
F18e: Exkursion, Unterrichtsgang, Wandertag, Klassenfahrt	2,6	1,2
F18f: Zusammenarbeit mit außerschulischen Einrichtungen	1,5	1,1
F18g: Öffentlichkeitsarbeit	1,1	0,7
F18h: Untersuchungen in der Natur	1,6	1,0
F18i: Haltung und Pflege von Tieren bzw. Pflanzen	2,6	1,3
F18j: Teilnahme an einem Wettbewerb	2,2	1,3
F18k: Sammlung und Auswertung bzw. Bestimmung von Naturobjekten	2,2	1,3
F18l Untersuchung der Schule nach ökologischen Kriterien	2,0	1,3

Relativ hohe Mittelwerte und vergleichsweise geringe Standardabweichungen weisen die Aspekte „Naturbeobachtungen“ (F18c), „Exkursion(en), Unterrichtsgang, Wandertag, Klassenfahrt“ (F18e) und „Haltung und Pflege von Tieren bzw. Pflanzen in der Klasse“ (F18i) auf, wobei die Werte jedoch alle auf der Skalenmitte liegen. Niedrige Mittelwerte, jedoch relativ große Standardabweichungen erzielen die Aspekte „Einrichtung, Nutzung bzw. Pflege von Umweltbereichen“ (F18a), „Umwelt- und Naturschutzarbeit“ (F18b), „Besichtigung bzw. Erkundung" (F18d), „Zusammenarbeit mit außerschulischen Einrichtungen„ (F18f), „Öffentlichkeitsarbeit“ (F18g) und „Untersuchungen in der Natur„ (F18h).

Abb. 4.4.2.4.2.: Korrelationsmatrix für die Variable „Handlungsorientierung im Unterricht“ (Pearson Corr.) (n = 68)

	F18a	F18b	F18c	F18d	F18e	F18f	F18g	F18h	F18i	F18j	F18k	F18l
F18a	1.00											
F18b	.29	1.00										
F18c	.40	.43	1.00									
F18d	.27	.41	.50	1.00								
F18e	.42	.21	.66	.52	1.00							
F18f	.30	.48	.52	.51	.47	1.00						
F18g	.31	.42	.35	.29	.42	.47	1.00					
F18h	.43	.50	.50	.52	.37	.40	.43	1.00				
F18i	.51	.47	.61	.37	.56	.40	.37	.51	1.00			
F18j	.37	.51	.56	.49	.47	.47	.56	.60	.41	1.00		
F18k	.23	.24	.66	.44	.53	.26	.11	.45	.43	.27	1.00	
F18l	.23	.67	.54	.52	.44	.56	.46	.52	.42	.58	.38	1.00

Bei der Betrachtung der Korrelationsmatrix fallen überwiegend mittlere bis hohe Interkorrelationen der meisten angeführten Aktivitäten auf. Besonders starke Zusammenhänge bestehen zwischen den Items F18c einerseits und F18e (r = .66), F18i (r = .61) und F18k (r = .66) andererseits. Bei diesen Aktivitäten handelt es sich um traditionelle Arbeitsformen des heimatkundlichen Unterrichts (Naturbeobachtungen, Exkursionen, Haltung von Tieren und Pflanzen, Sammlung und Auswertung von Naturobjekten). Des weiteren besteht ein starker Zusammenhang zwischen den Items F18b und F18l von r = .67. Hierbei handelt es sich um stärker handlungsorientierte, die Eigenständigkeit und das entdeckende Lernen der Schüler fördernde Aktivitäten im Sinne des Konzeptes „Ökologie und Umwelterziehung" (Eulefeld et al. 1981), und zwar „Umwelt- und Naturschutzarbeit" einerseits und „Untersuchungen der Schule nach ökologischen Kriterien" andererseits. Zieht man die bereits diskutierten Mittelwerte hinzu, so erscheint es plausibel, anhand der Daten hinsichtlich der Handlungsorientierung im Unterricht (mindestens) von zwei unterschiedlichen Lehrertypen zu sprechen: einerseits dem – verhältnismäßig häufiger vertretenen – Typus des Lehrers, der im Fach Sachunterricht hinsichtlich der Handlungsorientierung methodisch weitgehend auf Arbeitsformen des traditionellen Natur- und Heimatkundeunterrichtes zurückgreift, andererseits dem – verhältnismäßig seltener vertretenen – Typus, der innovativere Elemente in den Umweltunterricht integriert. Die Ergebnisse zeigen demnach, daß sich die bereits angesprochenen didaktischen Leitlinien der „grünen" und der „grauen" Umwelterziehung auch auf der Ebene der umweltbezogenen Unterrichtsaktivitäten niederschlagen. Die hier entwickelte Typologie erscheint angesichts der Altersstruktur und der relativ geringen Fortbildungsrate bei Grundschullehrern (s.o.) durchaus plausibel, müßte jedoch durch weitere Daten erhärtet werden.

4.4.2.5. Kontinuierliche unterrichtsbegleitende Aktivitäten

> „Umwelterziehung von Kindern ist abhängig auch von den Anregungen und Herausforderungen, die ihnen die nächste räumliche Umwelt bietet. Daher müßten in vielen Fällen – das ist meist mit geringen Mitteln möglich – die Klassenräume für Aufgaben der Umwelterziehung besser ausgestattet sein (Pflanzenpflege, Kleintierhaltung, Experimentiertisch, Forscher-Ecke, Umwelt-Bücherei ...)." (Schwarz 1987, S. 10).

Kontinuierlichen unterrichtsbegleitenden Aktivitäten kommt im Rahmen der schulischen Umwelterziehung eine große Bedeutung zu, da davon ausgangen werden kann, daß umweltschonende Verhaltensweisen als „Alltagshandeln" eingeübt werden, wie etwa bei der Mülltrennung im Klassenzimmer, und durch die Haltung und Pflege von Tieren und Pflanzen die Übernahme von Verantwortung angebahnt wird. Die Bereitstellung von Büchern und das Aushängen von Postern zu Umweltthemen ermöglicht es den Schülern, sich Informationen zu verschaffen und bietet Thematisierungsanlässe für den Umweltunterricht.

Die folgende Abbildung 4.4.2.5.1 zeigt, wie häufig die in Frage 8 genannten Aktivitäten in den befragten Klassen über einen längeren Zeitraum unterrichtsbegleitend, also nicht im Zusammenhang mit einer aktuellen Unterrichtseinheit, betrieben wurden:

Abb. 4.4.2.5.1.: Häufigkeit der kontinuierlichen unterrichtsbegleitenden Aktivitäten in Prozent, getrennt nach 3. und 4. Klasse (n = 68)

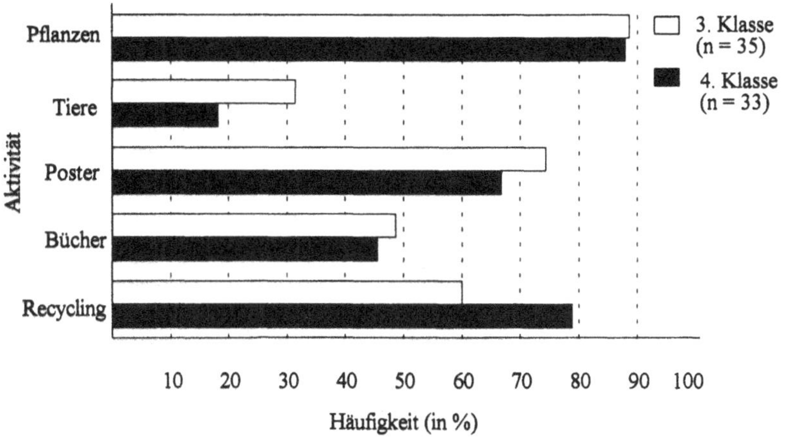

Diese Befunde zeigen, daß die im Fragebogen genannten unterrichtsbegleitenden Aktivitäten zur Umwelterziehung ihren festen Platz in der Grundschule haben. In 88% aller Klassen wurden zum Zeitpunkt der Befragung unabhängig von der aktuellen unterrichtlichen Behandlung eines Umweltthemas Pflanzen gepflegt, in 71% hingen Poster oder Bilder zu Umweltthemen, in 69% wurde verschiedenartiger Müll getrennt gesammelt, in 47% Sach- bzw. Bilderbücher zu Umweltthemen ausgelegt und letztlich in 25% aller befragten Klassen Tiere im Klassenraum gehalten (z.B. Zierfische, Rennmäuse, Zwergkaninchen, Schnekken). Hierbei ist allerdings zu berücksichtigen, daß diese Angaben keine Aussage darüber zulassen, in welchem inhaltlichen Kontext und mit welcher Intensität die genannten Maßnahmen in den jeweiligen Klassen durchgeführt wurden. Dadurch bleibt weitgehend offen, wie ihr Beitrag zur Umwelterziehung einzuschätzen ist.

4.5. Zusammenfassung

In Kapitel 4 der vorliegenden Studie wurden die Ergebnisse der Lehrerbefragung zusammenfassend dargestellt. Die deskriptiven Daten decken sich in weiten Teilen mit früheren empirischen Befunden zur Praxis der Umwelterziehung auf der Primarstufe (Eulefeld et al. 1988, Hellberg-Rode 1992, Stipproweit et al. 1992). Das spricht für die Reliabilität und Validität der im Rahmen der Lehrerbefragung angewendeten Erhebungsinstrumente. Inhaltlich kann aus den Ergebnissen geschlossen werden, daß sich die Situation der Umweltbildung in der Primarstufe seit der IPN-Studie aus dem Jahre 1985 weitgehend stabilisiert und sich die Umwelterziehung als integraler Bestandteil des Sachunterrichts an den Grundschulen etabliert hat. Durchschnittlich werden pro Schuljahr 3 Umweltthemen im zeitlichen Umfang von insgesamt 22,5 Unterrichtsstunden behandelt.

Hinsichtlich der Qualität des Umweltunterrichts läßt sich feststellen, daß etwa 50% aller behandelten Unterrichtseinheiten situationsorientiert bzw. fächerübergreifend behandelt wurden. Elemente der Handlungsorientierung können als fester Bestandteil der Umwelterziehung in der Primarstufe angesehen werden, wobei in der Tradition des Naturkunde- bzw. Heimatkundeunterrichts angesiedelte Aktivitäten deutlich überwiegen. Innovative Elemente der Handlungsorientierung werden demgegenüber vergleichsweise selten und nur von einer geringen Zahl der befragten Lehrer im Unterricht angewendet. Zu tendenziell gleichen Ergebnissen kommen die Studie von Stipproweit et al. (1992) und die in der Einleitung zitierte Einschätzung von Gening & Lob (1991).

Einstellungsvariablen wurden in der vorliegenden Studie nur am Rande untersucht. Die Ergebnisse zeigen dennoch, daß sich bei der Konzeption und Gestaltung von Umweltunterricht zwei Typen von Lehrern unterscheiden lassen: einerseits „Grüne“, die Kenntnisse über Natur und (individuellen) Umweltschutz in den Vordergrund stellen, andererseits „Graue“, die Umwelterziehung eher als politischer Bildung sehen. Diese Feststellung deckt sich weitgehend mit den Ausführungen von Stokking (1992) und Illien (1992). 89,7% aller Befragten äußerten sich positiv hinsichtlich der Bereitschaft zur Intensivierung des Umweltunterrichts im Rahmen der unterrichtlichen Möglichkeiten, und 94% beurteilten das Interesse ihrer Klassen an der Behandlung von Umweltthemen als relativ groß.

5. Auswahl der Klassen für die Schülerbefragung

Es war das vorrangige Ziel des bisher dargestellten ersten Teils der empirischen Untersuchung, qualitative und quantitative Merkmale der von den Befragten erteilten Umwelterziehung zu erfassen, um auf diese Weise Kriterien zur Bewertung des vom einzelnen Lehrer erteilten Umweltunterrichts zu gewinnen, um diesen als unabhängige Variable für komplexere statistische Operationen im Rahmen der Hypothesenprüfung spezifizieren zu können. Gemäß der Versuchsplanung mußten nun anhand der im vorherigen Kapitel dargestellten Ergebnisse der Lehrerbefragung für jede Zelle im Versuchsplan 3 Klassen mit jeweils 10 Schülern ausgewählt werden, von denen jeweils die Hälfte der Kategorie „wenig Umwelterziehung" bzw. „viel Umwelterziehung" zuzuordnen war, um auf diese Weise insgesamt 48 Klassen mit einem Gesamt-Stichprobenumfang von 480 Schülern zu erhalten. Darüber hinaus mußten die 48 Klassen die anderen unabhängigen Variablen ebenfalls gleichgewichtig repräsentieren. Im nun folgenden Abschnitt wird dargelegt, nach welchen Kriterien die Bewertung des Umweltunterrichts vorgenommen wurde.

5.1. Die quantitative Dimension

Die quantitative Dimension des Umweltunterrichts wurde durch die im Schuljahr 1990/91 zur Behandlung von Umweltthemen aufgewendete Gesamtstundenzahl erfaßt. Dabei wurden der in Abb. 5.1.2. dargestellte zeitliche Umfang aller behandelten Umweltthemen in folgender Weise auf eine maximal acht Punkte umfassende Bewertungsskala umgerechnet:

Abb. 5.1.1.: Bewertungssakala des zeitlichen Umfanges aller im Schuljahr 1990/91 behandelten Umweltthemen

Stundenzahl	0	1–8	9–16	17–24	25–32	33–40	41–48	> 48
Punktzahl	1	2	3	4	5	6	7	8

Abb. 5.1.2.: Zeitlicher Umfang aller im Schuljahr 1990/91 behandelten Umwelt-Themen, getrennt nach Klassenstufen in Prozent (n = 68)

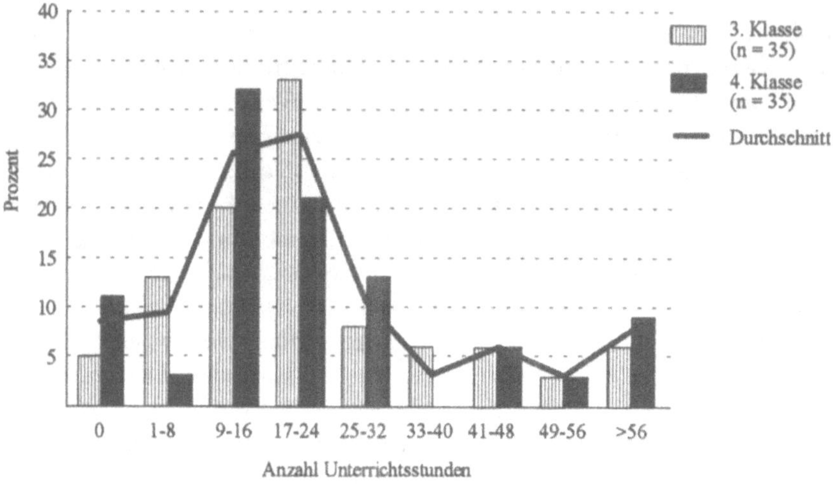

5.2. Die qualitative Dimension

Die qualitative Dimension des im gleichen Zeitraum erteilten Umweltunterrichts wurde durch zwei Kriterien erfaßt: erstens die handlungsorientierten Anteile, die vom jeweiligen Lehrer bei der Behandlung von Umweltthemen berücksichtigt wurden, und zweitens Ausmaß und Qualität der kontinuierlichen unterrichtsbegleitenden Aktivitäten.

Zur Bewertung der Handlungsorientierung wurde die Bandbreite von 0 bis zur maximalen Höchstpunktzahl von 48 für alle in Frage 18 genannten umwelterzieherischen Aktivitäten wiederum auf eine acht Punkte umfassende Skala umgerechnet:

Abb. 5.2.1.: Bewertungsskala aller im Schuljahr 1990/91 durchgeführten handlungorientierten Aktivitäten

Score (add.)	0–6	7–12	13–18	19–24	25–30	31–36	37–42	43– 48
Punktzahl	1	2	3	4	5	6	7	8

Die im Befragungszeitraum durchgeführten kontinuierlichen unterrichtsbegleitenden Aktivitäten wurden unterschiedlich bewertet. Die Aspekte „Haltung von Pflanzen“ sowie „Aufhängen von Postern/Bildern“ jeweils mit einem Punkt, die Aspekte „Haltung von Tieren“, Auslegen von Büchern“ und „Mülltrennung“ mit zwei Punkten. Dieser unterschiedlichen Bewertung der verschiedenartigen Aktivitäten lag die Annahme zugrunde, daß es sich bei den erstgenannten um vorwiegend rezeptive, bei den zweitgenannten hingegen um stärker handlungsorientierte, die Eigentätigkeit der Schüler fördernde Aktivitäten handelt. Auf diese Weise wurde auch für dieses Kriterium eine acht Punkte umfassende Bewertungsskala entwickelt. Insgesamt ergibt sich demnach aus allen drei bei der Beurteilung des jeweils in den befragten Klassen erteilten Umweltunterrichts berücksichtigen Kriterien eine im folgenden „Umwelterziehungs-Index“ genannte Skala von maximal 24 Punkten.

Im letzten Schritt dieses Verfahrens wurde noch mit einem t-Test für unabhängige Stichproben (vgl. Bortz 1984) auf einem Signifikanzniveau von 0.05 überprüft, ob hinsichtlich der Ausprägung der drei o.g. Kriterien zur Beurteilung des Umweltunterrichtes zwischen Stadt- und Landschulen signifikante Unterschiede feststellbar waren. Die gleiche Prüfung wurde für Schulen, deren Schülerpopulation sich hinsichtlich des Bildungsniveaus des Elternhauses unterschieden, durchgeführt. Dies geschah, um mögliche Störeffekte durch diese Variablen auszuschließen. Es wurden jedoch keine signifikanten Unterschiede der entsprechenden Stichprobenmittelwerte gefunden.

Somit wird im Rahmen der vorliegenden Untersuchung der Umweltunterricht einer Lehrerin oder eines Lehrers dann als positiv bewertet, wenn er im Rahmen der im Befragungszeitraum behandelten Umweltthemen sowohl eine hohe Stundenzahl, als auch einen großen Anteil an verschiedenen handlungsorientierten Aktivitäten aufweist und zudem in größerem Umfang kontinuierliche unterrichtsbegleitende, vorwiegend die Eigentätigkeit der Schüler ansprechende Aktivitäten beinhaltet. Die folgende Abbildung veranschaulicht die Punktverteilung der 68 befragten Lehrer hinsichtlich des „Umwelterziehungs-Index“:

Abb. 5.2.2.: Verteilung der erreichten Punktwerte des „UE-Index“ (n = 68)

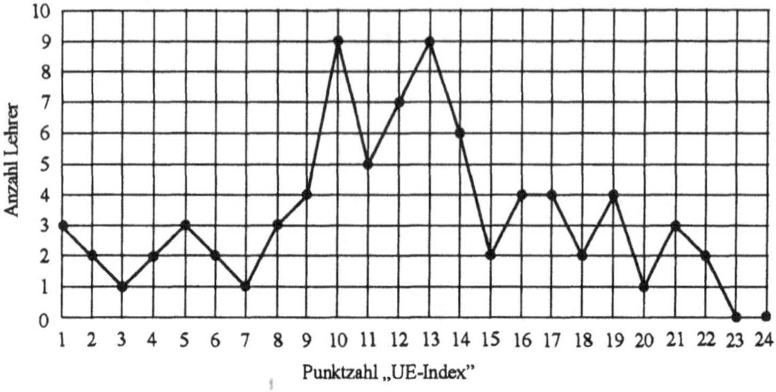

Die Zuordnung der befragten Klassen zu den Kategorien „viel Umwelterziehung“ bzw. „wenig Umwelterziehung“ wurde nun folgendermaßen praktiziert: Zunächst wurden jeweils vom höchsten und niedrigsten Punktwert ausgehend jeder Zelle im Versuchsplan drei Klassen zugeteilt. Pro Klasse wurden dann zehn Schüler-Fragebögen (5 Jungen und 5 Mädchen) per Zufall ausgewählt. Die folgende Abbildung zeigt die sich daraus ergebende Besetzung der Zellen sowie die Zellen-Mittelwerte des Umwelterziehungs-Index („UE-Index“):

Abb. 5.2.3.: Anzahl der Schüler und Klassen sowie Mittelwerte des „Umwelterziehungs-Index“ pro Zelle des Versuchsplanes (n = Anzahl Schüler; K = Anzahl Klassen, $\bar{x}$ = Mittelwert „UE-Index“)

	wenig Umwelterziehung		viel Umwelterziehung	
	3. Klassen	4. Klassen	3. Klassen	4. Klassen
Stadt hoch	n = 30 x = 10,3 K = 3	n = 30 x = 8,0 K = 3	n = 30 x = 18,0 K = 3	n = 30 x = 16,0 K = 3
Stadt niedrig	n = 30 x = 7,0 K = 3	n = 30 x = 8,5 K = 3	n = 30 x = 14,0 K = 3	n = 30 x = 16,0 K = 3
Land hoch	n = 30 x = 8,0 K = 3	n = 30 x = 8,3 K = 3	n = 30 x = 18,6 K = 3	n = 30 x = 19,0 K = 3
Land niedrig	n = 30 x = 8,0 K = 3	n = 30 x = 10,0 K = 3	n = 30 x = 14,0 K = 3	n = 30 x = 19,3 K = 3

Der Durchschnittswert für alle 24 Klassen mit „wenig UE“ betrug 8,5 Punkte, der für die Klassen mit „viel UE“ 16,9.

Nachzutragen wäre an dieser Stelle noch folgendes: Ursprünglich war vorgesehen, die letztlich an der Befragung teilnehmenden 48 Klassen nach erfolgter Auswertung der Lehrerfragebögen auszuwählen, um auf diese Weise nicht etwa Klassen zu befragen, deren Daten gar nicht in die Auswertung einbezogen werden würden. Da zu Beginn der Schülerbefragung im Mai 1991 jedoch erst ca. die Hälfte der verschickten Lehrer-Fragebögen zurückgesandt worden waren, ließ sich diese Absicht nicht in vollem Umfang realisieren; es wurden letztlich doch erheblich mehr Klassen befragt als nötig, und zwar eben 68 mit insgesamt 1224 Schülerinnen und Schülern. In der im nächsten Kapitel dargestellten Auswertung der Schülerbefragung wurden jedoch nur die ausgewählten Fragebögen von jeweils 10 Schülern aus 48 Klassen berücksichtigt.

6. Darstellung der Schülerbefragung

6.1. Entwicklung und Evaluation des Schülerfragebogens

In der einschlägigen Literatur gab es bis zu diesem Zeitpunkt für den Primarbereich keine inhaltlich vergleichbar breit angelegten empirischen Untersuchungen, die als Vorlage hätten dienen können. Im deutschsprachigen Raum konnten für diese Altersstufe zu umweltpädagogischen Fragestellungen im engeren Sinne lediglich Teilaspekte der Arbeiten von Trommer (1980), Eschenhagen (1982), Etschenberg (1983), Braun (1984), Scherf & Bienengräber (1988), Unterbruner (1989, 1991), Szagun & Mesenholl (1991) und Koblinger (1992) hinzugezogen werden. Von den skandinavischen und angelsächsischen Arbeiten erwiesen sich hinsichtlich des methodischen Vorgehens insbesondere die Studien von Aho (1984), Aho et al. (1989), Richmond (1978) sowie Bunting & Cousins (1985, 1987) als hilfreich.

Die Hauptschwierigkeit bestand nun darin, eine der kognitiven Entwicklung von Grundschülern angemessene Form der Datenerhebung zu finden, und zwar hinsichtlich 1) des sprachlichen Niveaus, 2) der Relevanz der Inhalte und 3) der Präsentation, d.h. der praktischen Durchführung der Befragung. Aus diesen Gründen wurde der Entwicklung, Erprobung und Evaluation des Schülerfragebogens besondere Aufmerksamkeit gewidmet. Dabei wurde teilweise auf die grundlegenden Erörterungen zum methodischen Vorgehen bei empirischen Untersuchungen mit Kindern dieser Altersstufe von Wittmann (1988) und Jörg (1988) zurückgegriffen.

Die Entwicklung des Schülerfragebogens erfolgte in mehreren Schritten: Zunächst wurden die vorliegende umweltpädagogische und didaktische Literatur zur Umwelterziehung in der Grundschule sowie die Rahmenrichtlinien und Unterrichtsempfehlungen der einzelnen Bundesländer durchgesehen, um die für den Grundschulbereich relevanten Themenbereiche und Lernfelder zu sichten und zu strukturieren. Im Anschluß daran wurde mit acht Grundschülern je ein ca. halbstündiges Interview durchgeführt, um Wissen und Einstellungen zu den o.g. Teilbereichen der Umwelterziehung sowie altersspezifische Denk- und Erklärungsmuster und das begriffliche Abstraktionsvermögen zu ermitteln. Bei diesen Interviews wurde ein strukturierter Leitfaden verwendet, der folgende inhaltliche Aspekte umfaßte:

1) altersspezifisches Medien- und Freizeitverhalten unter Berücksichtigung von Umweltaspekten;
2) Wahrnehmung und Einschätzung lokaler und globaler Umweltprobleme;
3) Wahrnehmung und Einschätzung aktueller umwelt- und gesellschaftspolitischer Problemfelder;
4) Verantwortlichkeit und Lösungsstrategien für Umweltprobleme;
5) Interessenschwerpunkte im Bereich Natur- und Umweltschutz;
6) individuelle Handlungserfahrungen im Bereich Natur- und Umweltschutz;
7) Zunkunftserwartungen und -ängste angesichts der von den Kindern wahrgenommenen Umweltbedrohung.

In dieser Phase der Entwicklung des Schülerfragebogens konnten ferner bereits vorliegende qualitative Untersuchungen und Erörterungen für diese Altersgruppe zur Umweltproblematik hinzugezogen werden (Garlichs 1989; Szagun & Mesenholl 1991; Unterbruner 1989; 1991).

Aufgrund der Ergebnisse der Schülerinterviews wurde ein erster Fragebogen erstellt, der sechs Didaktikern und Empirikern mit Forschungserfahrung im Primarbereich sowie vier Grundschullehrerinnen mit der Bitte um kritische Durchsicht vorgelegt wurde. Einige der z.T sehr konstruktiven Verbesserungsvorschläge wurden aufgegriffen und der Fragebogen dahingehend modifiziert.

Im letzten Schritt wurde der Fragebogen in jeweils zwei 3. und 4. Klassen einer Göttinger Grundschule erprobt. Dabei wurden zwei unterschiedliche Verfahren der Präsentation gewählt: In zwei Klassen wurde der Fragebogen lediglich vorgelesen, und die Schüler lasen entweder mit oder hörten zu und beantworteten auf diese Weise Schritt für die Schritt die jeweiligen Fragen. In zwei weiteren Klassen wurde der Fragebogen sowohl vorgelesen als auch durch das Auflegen der entsprechenden Seite des Fragebogens als Overheadprojector-Folie unterstützt. Ein Vergleich dieser beiden Verfahren ergab, daß die Folie den Schülern nicht als Hilfe für das Verständnis der Fragen diente, sondern – sowohl von der Mehrzahl der Schüler als auch von den anwesenden Lehrern – als unnötige und eher störend wirkende Vervielfachung der auf die Schüler einwirkenden Sinneseindrücke wahrgenommen wurde. Es zeigte sich zudem, daß insbesondere die jüngeren Schüler die verhältnismäßig großen Textanteile der einzelnen Fragen während der Befragung gar nicht selbst lasen, sondern dem Vorlesenden zuhörten und dabei lediglich die jeweils vorgegebenen Anwortmöglichkeiten mitlasen. Es bestand für die Schüler während der gesamten Dauer der Befragung die Möglichkeit, Verständnisfragen zu stellen und um die Wiederholung einzelner Abschnitte zu bitten.

Die bei der Erprobung anwesenden Lehrerinnen und Lehrer wurden ferner gebeten, sowohl den Fragebogen als auch die Durchführung der Befragung im Hinblick auf inhaltliche und sprachliche Verständlichkeit kritisch zu bewerten. Diese Evaluation ergab noch einige wesentliche Änderungen. Es zeigte sich z.B., daß einige der ursprünglich verwendeten Begriffe den Schülern unbekannt oder zu abstrakt waren. Diese wurden daraufhin durch sprachlich anschaulichere Begriffe ersetzt und anhand von Beispielen verdeutlicht. Auf diese Weise wurde die endgültige Fassung des Schülerfragebogens erstellt und der Befragungsmodus festgelegt.

6.2. Durchführung der Schülerbefragung

Im Zeitraum vom 16.5. bis 27.6. 1991 wurden insgesamt 68 Klassen (33 dritte und 35 vierte) befragt. In der Regel wurden pro Tag drei Klassen befragt, und der zeitliche Aufwand betrug im Durchschnitt jeweils 60 Minuten pro Klasse. Die Befragung wurde vom Verfasser in allen Klassen mit nahezu identischen Arbeitsanweisungen selbst durchgeführt. Für den Untertest Ib (Natur-Wissen) wurde den Schülern eine Mappe mit 24 Farb-Kopien von Fotos heimischer Tierarten vorgelegt, deren Namen sie auf den entsprechenden Seiten des Schülerfragebogens notieren mußten (siehe Anhang).

Während der eigentlichen Befragung trat ein aufgrund der Vorversuche in dieser Weise nicht vorhersehbarer Umstand ein, der dazu führte, daß Teile der Fragen 18 und 20 nicht von allen Klassen beantwortet werden konnten. Im einzelnen handelte es sich bei diesen beiden Fragen, in denen zunächst die Tiere benannt werden mußten, um die zusätzlich anzukreuzenden Informationen, ob „das Tier ein Nützling oder Schädling in unseren Gärten ist“ (Frage 18) und ob es „unter Naturschutz“ steht (Frage 20). Aus den gleichen Gründen wurde auch die Frage 19 bei der Datenauswertung nicht berücksichtigt. Dieser Umstand war in erster Linie auf organisationstechnische Gründe in den einzelnen Schulen zurückzuführen. Den Schulleitern bzw. Lehrern der an der Befragung teilnehmenden Klassen war zuvor mitgeteilt worden, daß die gesamte Befragung zwei Unterrichtsstunden pro Klasse in Anspruch nehmen würde. Dieser Zeitbedarf ließ sich jedoch nicht in allen Klassen realisieren. Problematisch wurde es beispielsweise in Klassen, die unmittelbar vor oder nach der Befragung z.B. Sportunterricht hatten, bei denen nach der Befragung Schulschluß war oder in denen aus anderen Gründen der geplante Zeitbedarf von zwei Unterrichtsstunden – inklusive einer kurzen Pause – nicht in vollem Umfang zur Verfügung stand. In diesen Fällen wurde auf den o.g. Teil des Fragebogens verzichtet. Aufgrund dieser Tatsache wurden die nur z.T. vorliegenden Angaben der genannten Teilaspekte der Fragen 18, 19 und 20 bei der Datenauswertung nicht berücksichtigt.

Ferner zeigte sich, daß die Bearbeitung der Fragen 18 und 19 seitens der Schüler aufgrund der erforderlichen Niederschrift der Tiernamen im Vergleich mit den anderen Fragen vergleichsweise viel Zeit – im Durchschnitt etwa 20 Minuten – in Anspruch nahm, da hier auf das unterschiedliche Schreibtempo der Schüler Rücksicht genommen werden mußte. Da dieser Teil des Fragebogens zudem die höchsten Anforderungen an die Konzentration insbesondere der schwächeren und daher langsamer arbeitenden Schüler stellte, wurde er, nachdem die ersten Klassen befragt worden waren und gerade bei diesem Teil einige Schüler sichtliche Konzentrationsprobleme zeigten, an den Anfang der Befragung gestellt. Auf diese Weise konnte die Befragungssituation für viele Schüler deutlich entspannt werden. Weiterhin erwies es sich als sinnvoll, etwa nach der Bearbeitung der Hälfte des Fragebogens eine fünf- bis zehnminütige Pause einzulegen, um auf diese Weise die Konzentration der Schüler während der gesamten Dauer der Befragung aufrechtzuerhalten.

Nach Abschluß der Schülerbefragung wurden die Rohdaten von Hand verkodet, anschließend auf einem Datenträger gespeichert und dann mit dem Statistik-Programm SAS berechnet.

6.3. Ergebnisse der Schülerbefragung

Im nun folgenden Abschnitt werden die Ergebnisse der Schülerbefragung dargestellt. Aus den insgesamt 1224 vorliegenden Fragebögen von 68 niedersächsischen Grundschulklassen (628 Mädchen, 596 Jungen) wurde entsprechend dem in Kapitel 3.5 dargestellten Versuchsplan eine geschichtete Stichprobe von n = 480 gezogen, um den Einfluß der verschiedenen relevanten Faktoren unabhängig voneinander überprüfen zu können. Die nun folgende Ergebnisdarstellung basiert auf den Daten dieser Stichprobe. Sie folgt in ihrer Gliederung dem Aufbau des Schülerfragebogens.

6.3.1. Freizeitaktivitäten

Die in der Literaturübersicht zitierten empirischen Befunde weisen auf einen bedeutsamen Zusammenhang zwischen den kindlichen Naturerfahrungen und einzelnen Dimensionen des Umweltbewußtseins hin (siehe Kap. 2.3.1). Im Rahmen der vorliegenden Untersuchung bot sich die Möglichkeit, unterschiedliche Formen und Ausprägungsgrade von Naturerfahrung als abhängige Variable in Beziehung zu setzen, und zwar sowohl zu den unabhängigen Variablen als auch zu den unterschiedlichen Dimensionen des Umweltbewußtseins.

In Frage 3 des Schülerfragebogens wurde daher erhoben, wie häufig die Grundschüler verschiedenen Freizeitaktivitäten nachgingen. Die im Fragebogen verwendeten Beispiele waren aufgrund der Schülerinterviews in der Erprobungsphase gewählt worden (vgl. Kap. 6.1.). Aus Gründen der Anschaulichkeit wurde, wie auch in einigen weiteren Fragen, eine dreistufige Rating-Skala verwendet, auf der angekreuzt werden konnte, ob die betreffende Aktivität „oft“, „ab und zu“ oder „nie“ gemacht wird.

Die Items bezogen sich einerseits auf Aktivitäten, die eine Interaktion mit der belebten Umwelt oder deren Elementen (z.B. Tieren) darstellen (F3a, F3b, F3d, F3g), andererseits auf Aktivitäten, die eine solche weitgehend ausschließen (F3c, F3e) oder als Ausdruck umweltzerstörenden Verhaltens zu bewerten sind, in diesem Falle F3f: „Mit dem Fahrrad durch einen Bach flitzen.“

Im Rahmen der statistischen Auswertung wurden zunächst die prozentuale Häufigkeitsverteilung der Antworten errechnet und im Anschluß daran eine Korrelationsmatrix (Pearson Corr.) erstellt.[6]

Abb. 6.3.1.1.: Prozentuale Häufigkeitsverteilung der Schülerantworten zu Frage 3 (Freizeitverhalten) (n = 480)

Item:	Das mache ich oft	Das mache ich ab und zu	Das mache ich nie
F3a: Im Wald eine Bude bauen	6	38	56
F3b: Einen Tierpark oder Zoo besuchen	6	85	9
F3c: Computerspiele oder Telespiele spielen	26	42	32
F3d: Tiere in der Natur beobachten	31	56	13
F3e: Einen Nachmittag mit Freunden Videofilme gucken	7	48	45
F3f: Mit dem Fahrrad durch einen Bach flitzen	11	16	73
F3g: Für ein Tier sorgen	62	24	14

Die Abbildung zeigt, daß von den aufgeführten Interaktionen mit der belebten Umwelt diejenigen Aktivitäten, die in Zusammenhang mit Tieren standen (F3d, F3f), nach Aussage der befragten Schüler am häufigsten praktiziert wurden. So gaben 31% aller Schüler an, oft Tiere in der Natur zu beobachten, und 62%, oft für ein Tier zu sorgen. Nur 13% bzw. 14% aller Befragten gaben demgegenüber an, diesen beiden Aktivitäten nie nachzugehen. Naturzerstörende Aktivitäten, wie in Item F3g genannt, wurden hingegen nur von einem geringen Teil der Befragten oft (11%) bzw. ab und zu (16%) genannt.

Die korrelationsstatistische Auswertung zur Überprüfung der interkorrelativen Beziehungen der in Frage 3 aufgeführten Freizeitaktivitäten ergab folgendes Bild:

Abb. 6.3.1.2.: Korrelations-Matrix (Pearson Corr.) der im Schülerfragebogen genannten Freizeitaktivitäten (n = 480)

	F3a	F3b	F3c	F3d	F3e	F3f	F3g
F3a	1.00						
F3b	.01	1.00					
F3c	.01	- .03	1.00				
F3d	.12	.17	- .13	1.00			
F3e	.12	- .07	.22	- .07	1.00		
F3f	.20	- .03	.13	.01	.21	1.00	
F3g	- .05	.13	- .01	.20	- .02	- .01	1.00

Die Matrix zeigt einige signifikante interkorrelative Beziehungen der genannten Items, und zwar einerseits zwischen Aktivitäten, die in Zusammenhang mit Tieren stehen (F3b und F3d: r = .17; F3b und F3g: r = .13; F3d und F3g: r = .20) und andererseits zwischen Aktivitäten, die eher naturfernen (F3c und F3e: r = .22) bzw. naturfeindlichen Charakter haben (F3c und F3f: r = .13; F3e und F3f: r = .21). Bemerkenswert ist in diesem Zusammenhang die signifikante negative Korrelation von r = - .13 zwischen F3c („Computer- und Telespiele spielen") und F3d („Tiere in der Natur beobachten"), die – auch unter Berücksichtigung der bereits genannten Korrelationen – als Beleg für zwei entgegengesetzte Interessenschwerpunkte hinsichtlich des Freizeitverhaltens der Befragten bewertet werden kann. Freizeitaktivitäten, die vorwiegend Abenteuercharakter haben, korrelieren mit diesen beiden Neigungen (F3a und F3d: r = .12; F3a und F3e: r = .12; F3a und F3f: r = .20). Sie sind offenbar sowohl für Kindern, die in ihrem Freizeitverhalten ein gewissen Interesse an Natur und insbesondere dem Umgang mit Tieren bekunden, als auch für Kinder, die eher naturferne Freizeitaktivitäten bevorzugen, gleichermaßen attraktiv.

6.3.2. Nutzung von Medien

6.3.2.1. Bücher

In Frage 4 wurden die Lesegewohnheiten der Schülerinnen und Schüler erhoben. Es wurden unterschiedliche Gattungen vorgegeben, deren Nutzungsintensität wiederum auf einer dreistufigen Rating-Skala mit den Antwortvorgaben: Diese Bücher lese ich a) „nie“, b) „ab und zu“ und c) „oft“ anzukreuzen war. Einige der in dieser Frage vorgegebenen Gattungen waren aus den Schülerinterviews der Erprobungsphase als für diese Altersgruppe repräsentativ ausgewählt worden (siehe Kap. 6.1.). Dabei handelte es sich zum einen um Bücher ohne unmittelbaren Bezug zu Natur- und Umweltthemen (F4a, F4b), andererseits um Bücher, in denen auf literarische (F4d) oder informative Weise (F4e, F4f) Tiere bzw. Tiergeschichten oder Umweltschutzthemen angesprochen werden. Als weitere Gattung wurden Märchenbücher (F4c) hinzugenommen.

Zunächst wurde wiederum die prozentuale Häufigkeitsverteilung der Antworten berechnet, ferner eine Korrelationsmatrix (Pearson Corr.) erstellt.

Abb. 6.3.2.1.1.: Prozentuale Häufigkeitsverteilung der Schülerantworten zu Frage 4 (Lesegewohnheiten) (n = 480)

Item:		Diese Bücher lese ich		
		oft	ab und zu	nie
F4a:	Comic-Hefte	40	45	15
F4b:	Abenteuer-Geschichten	24	43	33
F4c:	Märchenbücher	11	44	45
F4d:	Bücher mit Tiergeschichten	46	42	12
F4e:	Sachbücher über Tiere	38	44	18
F4f:	Sachbücher zum Thema Umweltschutz	39	57	14

Die vorgefundenen Daten zeigen, daß insbesondere Bücher mit Tiergeschichten, aber auch Sachbücher zu den Themen Natur und Umweltschutz zur Lektüre der meisten Kindern dieser Altersstufe gehörten. Diese wurden nach Aussage der befragten Schülerinnen und Schüler von ca. 40% oft gelesen. Lediglich 12% bis

18% aller Befragten gaben an, derartige Bücher nie zu lesen. Diese Daten belegen das große Interesse von Kindern dieses Alters an Büchern, die inhaltlichen Bezug zu Natur und Umwelt haben.

Abb. 6.3.2.1.2.: Korrelations-Matrix (Pearson Corr.) der im Schülerfragebogen genannten Bücher (n = 480)

	F4a	F4b	F4c	F4d	F4e	F4f
F4a	1.00					
F4b	.24	1.00				
F4c	.05	.17	1.00			
F4d	.01	.17	.20	1.00		
F4e	.08	.12	.02	.36	1.00	
F4f	.04	.18	.09	.40	.48	1.00

Die Korrelationsmatrix zeigt einerseits einen deutlichen interkorrelativen Zusammenhang zwischen Büchern, die sich inhaltlich mit Tieren bzw. Umweltschutzthemen befassen (F4d und F4a: r = .36, F4f und F4d: r = .40, F4f und F4e: r = .48) und andererseits einen Zusammenhang zwischen Büchern mit eher naturfernem Inhalt (F3a und F3b: r = .24). Abenteuer-Geschichten (F3b) korrelieren durchweg signifikant mit allen anderen aufgeführten Gattungen. Dieses Ergebnis korrespondiert mit den Befunden zum Freizeitverhalten und zeigt, daß das Interesse an realen und fiktiven „Abenteuern“ offenbar zu den elementaren Bedürfnissen von Kindern dieser Altersstufe gehört. Daß dieses grundlegende Bedürfnis nach spannungsvollen Erlebnissen auch umweltpädagogisch relevant ist, konnte Thiel (1980) nachweisen. Er stellte im Rahmen einer empirischen Studie fest, daß Schüler in einem Jugendwaldheim diejenigen Lernangebote bevorzugten, die der „Abenteuerlust“ entgegenkamen.

6.3.2.2. Umweltspiele

In Frage 5 wurde erhoben, in welchem Umfang die befragten Schüler im Besitz von käuflichen Gesellschaftsspielen (d.h. Würfel- bzw. Brettspielen) mit umweltpädagogischer Intention waren. Ausgewählt wurden die im Schülerfragebogen genannten Spiele nach der Definition von Bolscho (1987), der Umweltspiele einengt auf „vorgegebene (...) Spielmaterialen, denen bestimmte Spielideen und

Spielabläufe zu Umweltproblemen zugrundeliegen" (S. 28). Die Auswertung ergab folgendes Bild:

Abb. 6.3.2.2.1: Bei den Befragten vorhandene Umweltspiele in Prozent (n = 480)

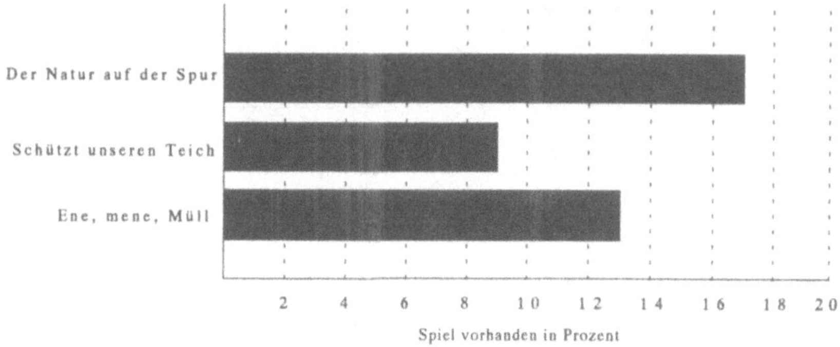

Des weiteren wurde danach gefragt, wieviele dieser Spiele die Kinder zum Zeitpunkt der Befragung insgesamt zu Hause hatten:

Abb. 6.3.2.2.2.: Insgesamt vorhandene Umweltspiele in Prozent (n = 480)

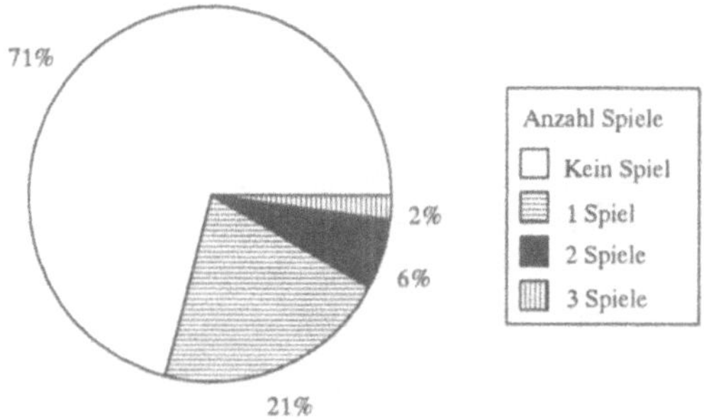

Wie die Abbildung zeigt, waren 29% aller befragten Schüler in Besitz mindestens eines der genannten Umweltspiele. Diese Ergebnis spricht angesichts eines überaus großen und reichhaltigen Angebotes an Gesellschaftsspielen aller Art dafür, daß Spiele mit umweltpädagogischer Intention, die ja erst seit wenigen Jahren von namhaften Verlagen in größerem Umfang vertrieben werden, in gewissem Maße Eingang in die kindliche Spielwelt gefunden haben. Diese Erkenntnis läßt allerdings noch keine Aussage darüber zu, inwieweit derartige

Spiele in der Lage sind, einen Beitrag zur Entwicklung von Umweltbewußtsein zu leisten. Bolscho merkt hierzu kritsch an:

> "... der mögliche Stellenwert von Umweltspielen (darf) ... nicht überschätzt werden. Spielversuche zeigen nämlich, daß die Sachinformationen oft nur eine Randbedeutung haben. Die meisten Spieler nehmen sie im Laufe des Spiels immer weniger auf. Wichtiger ist häufig die Frage: Was muß ich zahlen? Wieviele Felder darf ich vorrücken? Diese Effekte treten vor allem bei Würfel- und Brettspielen ein" (Bolscho 1987, S. 29).

6.3.2.3. Fernsehen

In Frage 6 konnten die Schülerinnen und Schüler wiederum auf einer dreistufigen Rating-Skala angeben, wie of sie verschiedene, zum Zeitpunkt der Befragung aktuelle Fernsehsendungen anschauten. Als Antwortmöglichkeiten waren vorgegeben: Das schaue ich mir a) „oft", b) „ab und zu" und c) „nie" an. Die Auswahl der letztlich in den Schülerfragebogen aufgenommenen Fernsehsendungen orientierte sich wiederum an den Aussagen der Schüler während der Erprobungsphase des Fragebogens (s.o), so daß angenommen werden konnte, daß die dort aufgeführten Sendungen auch tatsächlich den aktuellen Sehgewohnheiten von Kindern dieser Altersstufe entsprachen. Es waren dies einerseits Sendungen mit realitätsfernen Inhalten (F6b, F3c, F6d), andererseits Sendungen, die Tiere, Naturschilderungen oder Umweltschutzaspekte thematisierten (F6b, F6d, F6e). Die „Sendung mit der Maus" (F6f) ließ sich nur bedingt der zweiten Gruppe zuordnen, wurde jedoch aufgrund der Häufigkeit bei den Schülerangaben des Vorversuches mit aufgenommen.

Abb. 6.3.2.3.1: Prozentuale Häufigkeitsverteilung der Schülerantworten zu Frage 6 (Fernsehgewohnheiten) (n=480)

Item:	Das schaue ich mir an: oft	ab und zu	nie
F6a: A-Team	42	30	28
F6b: Löwenzahn	31	56	13
F6c: Alfred J. Quak	23	50	27
F6d: Expeditionen in Tierreich	40	36	24
F6e: Knight-Rider	40	32	28
F6f: Logo	20	41	39
F6g: Sendung mit der Maus	21	44	35

Es wird deutlich, daß Fernsehsendungen mit realitätsfernen Inhalten von der Mehrzahl der befragten Grundschüler favorisiert wurden. 42% bzw. 40% gaben an, die entsprechenden Sendungen oft zu sehen. Das gleiche herausragende Ergebnis mit 40% erzielte jedoch auch die – im Abendprogramm laufende – Sendung „Expeditionen ins Tierreich“. Demgegenüber erzielten Kindersendungen mit (z.T.) umweltpädagogischer Intention (Löwenzahn, Logo) deutlich geringere Werte. Diese Sendungen wurden von einer vergleichsweise größeren Zahl der Befragten nur „ab und zu“ angeschaut. Diese Daten lassen vermuten, daß die Akzeptanz „kindgemäßer“ medialer Information über Natur- und Umweltthemen – zumindest bei Schülern dieser Altersgruppe – offenbar vergleichsweise gering ist.

Abb. 6.3.2.3.2: Korrelations-Matrix (Pearson Corr.) der im Schülerfragebogen genannten Fernsehsendungen (n = 480)

	F6a	F6b	F6c	F6d	F6e	F6f	F6f
F6a	1.00						
F6b	- .01	1.00					
F6c	.20	.20	1.00				
F6d	.02	.25	.13	1.00			
F6e	.58	- .01	.22	- .01	1.00		
F6f	.03	.36	.15	.27	- .06	1.00	
F6g	- .12	.32	.23	- .01	.04	.14	1.00

Die Matrix zeigt einen deutlichen Zusammenhang zwischen den Sendungen mit realitätsfernen Inhalten (F3a und F3e: r = .58) und Beziehungen zwischen den Sendungen, die (u.a.) Umweltaspekte thematisieren (F6d und F6f: r = . 27; F3b und F3d: r = .25; F3b und F3f: r = .36). Berücksichtigt man ferner die negativen bzw. gegen Null tendierenden Interkorrelationen zwischen Sendungen dieser beiden Gruppen, so erscheint es plausibel, auch im Hinblick auf die Sehgewohnheiten der befragten Grundschüler von zwei kontrastierenden Interessenschwerpunkte zu sprechen: einerseits Natur bzw. Umweltthemen, andererseits Sendungen mit realitätsfernen Inhalten, wobei letztere quantitativ überwiegen. Die insgesamt relativ große Zahl von signifikanten Korrelationen der Matrix kann jedoch als Anhaltspunkt dafür gelten, daß die Fernsehgewohnheiten der befragten

Kinder diese beiden kontrastierenden Dispositionen nicht so deutlich widerspiegeln wie das Freizeitverhalten oder die Lesegewohnheiten und somit nicht den gleichen Indikatorwert für die genannten Interessenschwerpunkte haben. Dies dürfte – auch unter Berücksichtigung der quantitativen Angaben in Abb. 6.3.2.3.1 – auf einen insgesamt hohen und undifferenzierten Fernsehkonsum der Befragten zurückzuführen sein.

6.4. Faktorenanalytisches Modell des Freizeit- und Medienverhaltens

Alle in den Fragen 3 bis 6 des Schülerfragebogens enthaltenen Items wurden zusammengefaßt und einer Faktorenanalyse unterzogen. Zur Vereinheitlichung des Datensatzes wurden zu diesem Zweck die in Frage 4 von den Befragten angegebene Anzahl Umwelt-Spiele (max. 3) als Summenwert berücksichtigt. Ferner wurden die Altersangaben der Schüler auf eine dreistufige Skala umgerechnet (bis 9, 10 sowie 11 Jahre und älter), so daß bei einer Interpretation der Ergebnisse auch der Alterseffekt berücksichtigt werden konnte. Der Datensatz ließ sich mit einem Drei-Faktoren-Modell mittels Varimax-Rotationsverfahren sinnvoll auswerten, d.h. es ließen sich drei Faktoren mit einem Eigenwert > 1 extrahieren. Die folgende Abbildung faßt die Ergebnisse zusammen:

Abb. 6.4.1. Drei-Faktoren-Modell (Varimax-Rotationsverfahren) aller im Schülerfragebogen enthaltenen Freizeitaspekte (n = 480)

	Faktor 1	Faktor 2	Faktor 3
F4f Bücher: UWS	**.73**	.01	.07
F4e Bücher: Tierbücher	**.72**	.09	- .13
F6d TV: Exp. ins Tierreich	**.67**	.08	- .01
F3d Freizeit: Tiere beobachten	**.62**	- .07	.01
F4d Bücher: Tiergesch.	**.60**	- .13	.22
F3g Freizeit: Tiere versorgen	**.43**	.08	- .02
F5d UWS-Spiele gesamt	**.38**	- .01	.19
F6f TV: Logo	**.34**	.00	.27
F3b Freizeit: Tierpark	**.32**	- .11	.02
F6a TV: A-Team	.02	**.73**	- .13
F6e TV: Knight-Rider	- .07	**.70**	.04
F3c Freizeit: Computer	- .10	**.57**	- .21
F3e Freizeit: Video	- .06	**.51**	.00
F3f Freizeit: Fahrrad	.11	**.49**	- .06
F4a Bücher:Comics	- .02	**.40**	.30
F3a Freizeit: Bude bauen	.02	**.27**	.17
F6g TV: Maus	- .10	- .07	**.70**
F4c Bücher: Märchen	.10	- .07	**.54**
F6b TV: Löwenzahn	.35	- .10	**.52**
F4b Bücher: Abenteuer	.22	.19	**.50**
F6c TV: A.J. Quak	.08	.36	**.46**
F2 Alter	.05	.12	- .36
% gemeinsame Varianz	41	33	26

Die Ergebnisse machen die in den vorherigen Abschnitten beschriebenen Polaritäten hinsichtlich der Neigungen und Dispositionen beim Freizeitverhalten der befragten Grundschüler noch anschaulicher und plausibler. Fast alle im Fragebogen enthaltenen Items, die Interesse an Natur und Umweltschutz, insbesondere jedoch Tieren dokumentieren, weisen hohe bis mittlere Ladungszahlen auf den Faktor 1 auf. Daraus kann gefolgert werden, daß dieser Faktor einen Typus mit relativ homogenen Interessen und Freizeitaktivitäten repräsentiert, der sich als „Natur- bzw. Tierfreund" charakterisieren ließe. Faktor 1 steht in deutlichem Kontrast zu Faktor 2. Letzterer faßt diejenigen Aktivitäten und Neigungen zusammen, denen eine gewisse Faszination der Technik bzw. Realitätsferne

– möglicherweise Realitätsflucht – bis hin zur naturfeindlichen Aktivität (F3f) gemeinsam ist. Kennzeichnend für die ausgeprägte Dichotomie dieser beiden Faktoren ist insbesondere, daß alle Items, die relativ hohe Ladungen auf den Faktor 2 aufweisen, entweder negative oder ausgesprochen niedrige Ladungen auf den Faktor 1 zeigen.

Faktor 3 fällt aus dem bisher entwickelten Interpretationsmuster deutlich heraus. Er faßt offenbar Aktivitäten und Interessen zusammen, die eher von jüngeren Kindern bevorzugt wurden. Jüngere Kinder sind hinsichtlich der beiden erstgenannten Faktoren möglicherweise noch indifferent. Als Beleg für diese Vermutung kann die Ladungszahl für das Alter der Befragten auf den Faktor 3 (- .36) gelten. Diese Interpretation ließe allerdings den Schluß zu, daß einige der in den Items des Schülerfragebogens verwendeten Beispiele für einen Teil der Stichprobe im Hinblick auf die intendierte Fragestellung aufgrund des Alters und des persönlichen Entwicklungsstandes nicht geeignet waren und daher eine Überforderung darstellten. Diese Annahme wird durch ein Ergebnis der Untersuchung von Berck & Klee (1992) gestützt. Die Autoren fanden heraus, daß nur bei etwa der Hälfte der von ihnen Befragten die gezielte Beschäftigung mit Tieren und Pflanzen bereits vor dem 10. Lebensjahr begann.

Von der Gesamtvarianz der 22 Items konnten insgesamt durch die drei Faktoren 38,2% aufgeklärt werden. Von der gemeinsamen Varianz (gleich aufgeklärte Varianz) entfallen auf den Faktor 1 41%, auf Faktor 2 33% und auf Faktor 3 26%. Berücksichtigt man bei der Berechnung nur die Items mit Ladungszahlen > .50, dann steigt der Anteil der aufgeklärten Varianz auf 44% der Gesamtvarianz. Dieser Wert rechtfertigt m.E. das in diesem Abschnitt entwickelte Interpretationsmodell.

Die hier referierten Ergebnisse decken sich weitgehend mit einigen Ergebnissen der meßtheoretisch gut abgesicherten amerikanischen Studie von Bunting & Cousins (1985; 1987). Auch dort wurde in einer altersmäßig vergleichbaren Stichprobe der Faktor „Pastoralism“, d.h. eine positive Neigung zur natürlichen Umwelt, als die am stärksten ausgebildete Umwelt-Disposition dieser Altersgruppe vorgefunden: “Pastoralism has a number of activity associations showing a strong orientation to nature and animals” (S. 747). Da dies auch für diejenigen Aktivitäten zutrifft, die in der hier diskutierten Analyse hohe Ladungen auf den Faktor 1 aufweisen, kann davon ausgegangen werden, daß der „Pastoralism“ des kindlichen „Natur- und Tierfreundes“ als eine stabile, vom kulturellen Kontext unabhängige Disposition anzusehen ist, die sowohl durch affektiv-emotional besetzte Neigungen, wie im von Bunting & Cousins (1987) verwendeten Fragebogen, als auch durch konkretes Freizeit- und Medienverhalten, wie in der vorliegenden Untersuchung, charakterisiert ist. Demgegenüber entsprechen Aktivitäten, die vergleichsweise hohe Ladungen auf den Faktor 2 zeigen, den Skalen „Stimulus Seeking“ und „Mechanical Orientation“ des CERI von Bunting & Cousins (1985; 1987).

6.5. Variablen des Umweltbewußtseins

Der zweite Teil des Schülerfragebogens enthielt Fragen zum Umweltbewußtsein der Schüler, also zu ihrem Wissen, zu ihren Einstellungen und zu ihrem Verhalten. Die folgende Übersicht zeigt die im Rahmen der Schülerbefragung spezifizierten abhängigen Variablen des Konstruktes „Umweltbewußtsein“ sowie die jeweils zugehörigen Items im Überblick (vgl. Kap. 2.1.1.):

I. Umweltbezogene Einstellungs-Skalen

a) Persönliche Betroffenheit

Item: F7a: Umweltprobleme gesamt

b) Wahrgenommene Ernsthaftigkeit

Item: F7b: Lokal: Umweltprobleme ja/nein
F8a: Lokal: Umweltprobleme gesamt
F8b: Kongruenz F7a/F7b
F9: Lokal: Genug Umweltschutz?

c) Verantwortlichkeit

Item: F10: Intrapersonal vs. extrapersonal

II. Umweltorientierte Handlungs-Skala

d) Item: F12: Umweltorientiertes Handeln

III. Umweltrelevante Wissens-Skalen

e) Handlungs-Wissen

Item: F13: Mülltrennung

F14: Recycling

F15: Graphische Symbole

f) Natur-Wissen

Item: F11: Nützt/Schadet?

F16: Zuordnung: Tiere-Lebensräume

F18: Formenkenntnis I

F20: Formenkenntnis II

Im folgenden werden die Ergebnisse der Schülerbefragung zu diesen Variablen analog zum Aufbau des Fragebogens dargestellt.

6.5.1. Persönliche Betroffenheit

In Frage 7 des Schüler-Fragebogens wurde nach der individuellen Betroffenheit der befragten Grundschüler durch Umweltprobleme gefragt. Die Frage enthielt insgesamt acht Items, von denen vier (Problem Nummer: 2, 4, 6, 8) die Auswirkungen verschiedenartiger Umweltprobleme zum Inhalt hatten, die vier anderen hingegen gesellschaftliche Konfliktfelder ohne unmittelbaren Bezug zur Umweltproblematik thematisierten (Problem Nummer: 1, 3, 5, 7). Die Auswahl und Formulierung der in dieser Frage aufgeführten acht Konfliktfelder war wiederum auf der Grundlage der Schüler-Interviews während der Erprobungsphase erfolgt. Hinzugezogen werden konnten ferner einige der in der Studie von Szagun & Mesenholl (1991) von Schülern dieser Altersstufe genannten Umweltprobleme. Bei der Beantwortung der Frage konnte jeder Befragte in abgestufter Weise drei der genannten Probleme angeben, die ihn persönlich am meisten bedrückten. Im Grunde handelt es sich also bei dieser Frage um eine vierstufige Skala mit den Antwortmöglichkeiten: nicht genannt bzw. an erster, zweiter oder dritter Stelle genannt. Vergleichbare Erhebungsformen waren zuvor bereits in Erwachsenenbefragungen, z.B. von Urban (1986), verwendet worden. Der Vorversuch hatte zudem ergeben, daß die Art der Fragestellung auch für Schüler dieser Altersstufe verständlich ist.

Im Rahmen der statistischen Auswertung wurde zunächst für jedes Item die prozentuale Häufigkeitsverteilung berechnet:

Abb. 6.5.1.1.: Prozentuale Häufigkeitsverteilung der Schülerantworten zu Frage 7 (persönliche Betroffenheit) (n = 480)

Item:	nicht genannt	Stelle 1.	2.	3.
Am meisten bedrückt mich,				
a) daß viele Menschen im Straßenverkehr verunglücken.	83	5	3	9
b) daß der Wald durch den sauren Regen krank wird und viel Bäume sterben.	55	9	15	21
c) daß viel junge Menschen Rauschgift nehmen.	64	11	13	12
d) daß die Luft durch Auto-Abgase immer schmutziger wird.	62	15	16	7
e) daß es so wenig Abenteuer-Spielplätze für Kinder gibt.	93	2	4	1
f) daß immer mehr Natur mit Straßen, Häusern oder Fabriken zugebaut wird.	47	18	22	13
g) daß so viele Menschen ihre Haustiere quälen.	52	15	18	15
h) daß sich immer mehr giftige Stoffe in unserer Umwelt ansammeln.	44	24	11	21

Die Abbildung veranschaulicht, daß für die befragten Grundschüler Umweltprobleme hinsichtlich der persönlichen Betroffenheit deutlich an erster Stelle standen. Als besonders bedrückend wurde der Umstand empfunden, daß sich „immer mehr giftige Stoffe in unserer Umwelt ansammeln", gefolgt von der Tatsache, daß „der Wald durch den sauren Regen krank wird und viele Bäume sterben" und dem Faktum, daß „immer mehr Natur mit Straßen, Häusern und Fabriken zugebaut wird". Demgegenüber wurde die Erscheinung, daß „die Luft durch

Auto-Abgase immer schmutziger wird" vergleichsweise als das am wenigsten bedrückend wahrgenommene Umwelt-Problem genannt. Berücksichtigt man jedoch die Tatsache, daß im Durchschnitt nur 48% aller Befragten angesichts der vier im Fragebogen aufgeführten Umweltprobleme überhaupt ein Gefühl der persönlichen Betroffenheit dokumentierten, die Bedeutsamkeit der angesprochenen Umweltprobleme also nur von etwa der Hälfte der befragten Grundschüler wahrgenommen bzw. bei der Beantwortung der Frage dokumentiert wurde, so zeigt sich, daß von einem Großteil der befragten Grundschüler zumindest die im Fragebogen genannten Umweltprobleme affektiv-emotional (noch) nicht als bedeutsam wahrgenommen wurden.

In einem nächsten Schritt wurde die Anzahl der pro Schüler genannten Umweltprobleme – also maximal drei – errechnet, um auf diese Weise einen weiteren qualitativen Unterschied hinsichtlich der persönlichen Betroffenheit durch Umweltprobleme zu gewinnen. Die folgende Abbildung zeigt das Ergebnis:

Abb. 6.5.1.2: Anzahl der von den Schülern zu Frage 7 insgesamt genannten Umweltprobleme (n = 480)

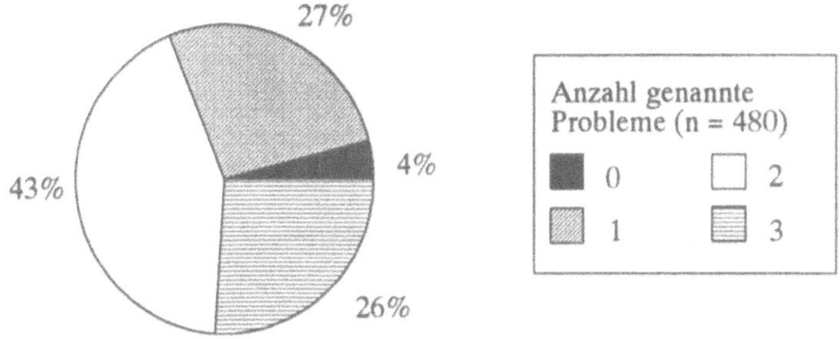

Auch diese Abbildung veranschaulicht den insgesamt hohen Anteil der Umweltprobleme an den Schülerantworten. 69% aller Befragten nannten mindestens zwei Umweltprobleme von insgesamt acht möglichen Antworten. Dieser Befund widerspricht jedoch nicht den Ausführungen im vorigen Abschnitt. Abb. 6.5.1.2. führt die Gesamtzahl der von den Befragten genannten Umweltprobleme auf, ohne daß in dieser Darstellung die Streuung der Antworten angemessen zum Ausdruck kommt.

6.5.2. Wahrgenommene Ernsthaftigkeit

In Frage 8 wurden die Schülerinnen und Schüler aufgefordert, all die in der vorangegangenen Frage genannten Probleme anzugeben, die ihrer Meinung nach auch in ihrem Heimatort existieren. Lediglich 13% aller Befragten gaben an, daß dort keines der in Frage 7 genannten Probleme existiere. Die Häufigkeitsverteilung der Angaben der verbliebenen 87% sind in folgender Abbildung zusammengefaßt:

Abb. 6.5.2.1: Häufigkeitsverteilung der Schülerantworten zu Frage 8 (Existenz von Umweltproblemen im Wohnort der Schüler) (n = 480)

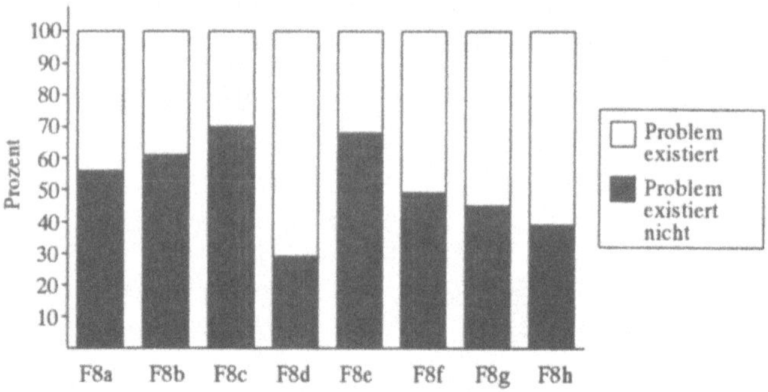

Auch bei dieser Frage wurde errechnet, wieviele der in Frage 7 aufgeführten Umweltprobleme – in diesem Falle maximal vier – pro Schüler genannt, mithin also in ihrem Lebensumfeld als existent wahrgenommen wurden.

Abb. 6.5.2.2.: Prozentuale Verteilung der zu Frage 8 insgesamt genannten Umweltprobleme (n = 480)

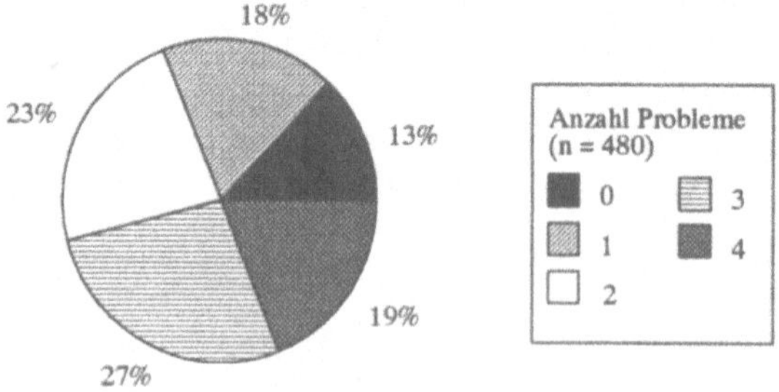

Annährend 70% aller Befragten waren der Meinung, daß mindestens zwei der genannten vier Umweltprobleme in ihrem Wohnort existierten, wobei „Auto-Abgase“ von 71% und „giftige Stoffe in unserer Umwelt“ von 61% aller Befragten mit deutlichem Abstand am häufigsten genannt wurden. Der „Saure Regen“ wurde demgegenüber nur von 39% als existent eingestuft. 51% registrierten im ihrem Lebensumfeld den Umstand, daß „immer mehr Natur mit Straßen, Häusern oder Fabriken zugebaut wird“. Die vier in der Frage genannten Umweltprobleme wurden von durchschnittlich 55% aller Befragten als in ihrem Wohnort existent wahrgenommen. Dieser Wert liegt somit über dem Ergebnis von Frage 7, nach dem nur 48% aller Befragten angesichts der genannten Umweltprobleme ein Gefühl der persönlichen Betroffenheit dokumentierten. Diese Daten sprechen demnach für eine insgesamt größere Sensibilität der befragten Grundschüler für Umweltprobleme in ihrem unmittelbaren Lebensumfeld, wobei Probleme, die für Kinder sinnlich erfahrbar sind, deutlich am häufigsten genannt wurden („giftige Stoffe in unserer Umwelt“ wurde von der Mehrzahl der Befragten mit Müll assoziiert). Diese Ergebnisse entsprechen denen von Szagun & Mesenholl (1991) und können als weitere Bestätigung für die Angemessenheit einer situationsorientierten Behandlung von Umweltthemen in der Primarstufe gelten.

Beim Vergleich der Schülerantworten von Frage 7 und 8 zeigen sich bemerkenswerte Diskrepanzen bezüglich der subjektiven Wahrnehmung von Umweltproblemen: An erster Stelle wurde in Frage 8 von der Mehrzahl der Befragten (71%) das in Frage 7 als am wenigsten bedrückend wahrgenommene Umweltproblem der Luftverschmutzung durch Autoabgase genannt. Ein entgegengesetzter Effekt zeigt sich beim Waldsterben. Dieses wurde in Frage 7 am zweithäufigsten genannt, in Frage 8 jedoch nur von 39% aller Grundschüler als in ihrem Lebensumfeld als real existent eingestuft. Die höchste Übereinstimmung zwischen den Fragen 7 und 8 zeigt sich bei der Problematik, daß „sich immer mehr giftige Stoffe in unserer Umwelt ansammeln“. Dieser Befund erscheint auf den ersten Blick widersprüchlich, läßt sich jedoch mit den Befunden einiger empirischer Studien (Towler & Swan 1972; Arcury & Jonson 1987; Braun 1984) in Zusammenhang bringen, nach denen „das Wissen über regionale und lokale Umweltprobleme (...) geringer (ist) als das über nationale ‚also dem Einzelnen in der Regel fernerstehende‘ Umweltprobleme“ (Bolscho 1989, S. 7), die häufig in den Medien genannt und auf breiter gesellschaftlicher Ebene diskutiert werden. Dies scheint auch auf die Wahrnehmung von Umweltproblemen zuzutreffen.

In einem weiteren Analyseschritt wurde die Kongruenz der Schülerantworten bezüglich Frage 7 und 8 ermittelt, also wieviele der in Frage 8 genannten, d.h. im eigenen Lebensumfeld als existent wahrgenommenen Umweltprobleme bereits in Frage 7 genannt worden waren (d.h. maximal drei). Dieser Berechnung lag die Annahme zugrunde, daß die Anzahl der im unmittelbaren Lebensumfeld als existent und affektiv-emotional bedrückend wahrgenommenen Umweltprobleme gerade auf dieser Altersstufe als Ausdruck eines konsistenteren Problembewußtseins, mithin einer größeren Betroffenheit bewertet werden kann. Die folgende Abbildung faßt das Ergebnis zusammen:

Abb. 6.5.2.3: Kongruenz der Schülerantworten von Frage 7 und 8 (n=480)

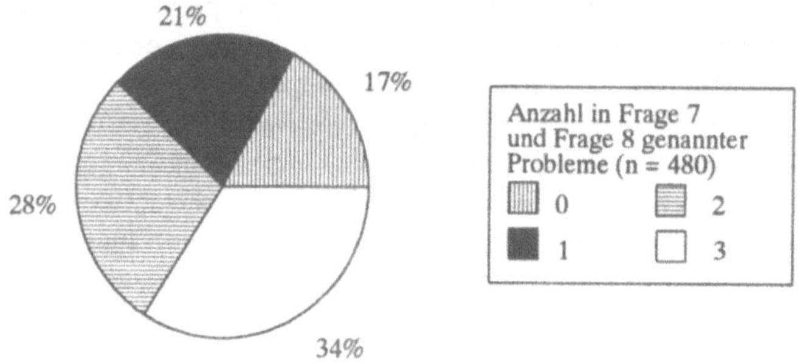

Diese Angaben relativieren die vorherigen Ausführungen in gewisser Weise, wird hier doch deutlich, daß von insgesamt 62% aller Befragten mindestens zwei (von maximal drei) der genannten Umweltprobleme sowohl national als auch lokal als existent wahrgenommen wurden.

In der letzten Frage der Skala „Wahrgenommene Ernsthaftigkeit" wurden die Schüler befragt, ob sie der Meinung seien, daß in ihrem unmittelbaren Lebensumfeld „genug für den Schutz der Umwelt getan wird" (Frage 9). 16% bejahten diese Frage, 84% hingegen waren der Meinung, es werde „noch zu wenig für den Schutz der Umwelt getan".

6.5.3. Verantwortlichkeit

In Frage 10 wurde erhoben, wer nach Meinung der Schüler „in unserem Land viel und wer wenig für den Schutz der Umwelt" tun könne. Mit dieser Frage wurde beabsichtigt, einerseits herauszufinden, wie die Grundschüler ihre eigene, intrapersonale Verantwortlichkeit sowie die ihrer Eltern für die Lösung von Umweltproblemen einschätzen, welche Bedeutung sie andererseits im Zusammenhang mit dieser Frage extrapersonalen Instanzen (Umweltschutzvereinen, Regierung und Politikern, Polizei) zumessen. Die Einschätzung der Verantwortlichkeit erfolgte wiederum auf einer dreistufigen Rating-Skala mit den Antwortvorgaben: a) „Kann viel tun", b) „Kann wenig tun" und c) „Kann gar nichts tun".

Zunächst wurden die prozentualen Häufigkeitsverteilungen der Antworten berechnet, im Anschluß daran die Korrelationen (Pearson Corr.) in einer Matrix zusammengestellt.

Abb. 6.5.3.1.: Prozentuale Häufigkeitsverteilung der Schülerantworten zu Frage 10 (Verantwortlichkeit) (n = 480)

Item:	Kann viel tun	Kann wenig tun	Kann gar nichts tun
F10a: Umweltschutz-Vereine	70	28	2
F10b: Regierung/Politiker	46	42	12
F10c: Kind	29	57	14
F10d: Eltern	31	60	9
F10e: Polizei	15	37	48

Diese beiden Abbildungen zeigen, daß die befragten Grundschüler an erster Stelle Umweltschutzorganisationen und an zweiter Stelle Regierung bzw. Politikern zutrauen, Umweltprobleme zu lösen. Die Verantwortlichkeit der Eltern wurde insgesamt etwas größer eingeschätzt als die der Kinder selbst. An letzter Stelle rangierte erwartungsgemäß die Polizei. Auch diese Ergebnisse entsprechen – hinsichtlich der Einschätzung von Umweltschutzorganisation sowie Eltern – weitgehend denen von Szagun & Mesenholl (1991).

Mittels einer korrelationsstatistischen Analyse wurde nun versucht, die innere Struktur der Dimension „Verantwortlichkeit" weiter zu erhellen:

Abb. 6.5.3.2.: Korrelations-Matrix (Pearson Corr.) der Items von Frage 10 (n = 480)

	F10a	F10b	F10c	F10d	F10e
F10a	1.00				
F10b	.09	1.00			
F10c	.13	- .11	1.00		
F10d	.08	- .06	.58	1.00	
F10e	- .02	.15	.18	.25	1.00

Die Matrix zeigt mit r = .58 eine deutliche Korrelation der Items F10c (Kind) und F10d (Eltern), ferner eine signifikante Korrelation von .13 zwischen F10a (Umweltschutzorganisationen) und F10c (Kind). Bemerkenswert ist insbesondere der signifikante negative Wert von - .11 zwischen F10b (Regierung/Politiker) und F10c (Kind). Bezieht man die Häufigkeitsverteilung der Antworten in die Interpretation mit ein, so erscheint es plausibel, auch im Falle der vorliegenden Befragung von zwei komplementären Dispositionen der Verantwortlichkeit zu sprechen, und zwar einerseits von einer „extrapersonalen", die die Verantwortung für den Schutz der Umwelt Regierung bzw. Politikern zuweist, und einer „intrapersonalen", die diese Verantwortung bei sich selbst bzw. den eigenen Eltern lokalisiert (vgl. Kley & Fietkau 1978; Braun 1983; Urban 1986). Dieses Interpretationsmuster wird durch eine Faktorenanalyse nach dem Variamax-Rotationsverfahren gestützt, bei der sich allerdings nur ein Faktor extrahieren ließ:

Abb. 6.3.3.3: Faktorenanalytische Prüfung der Skala „Verantwortlichkeit" (n = 480)

	Faktor I	Faktor II
F10d: Eltern	.70	- .02
F10c: Kind	70	- .07
F10e: Polizei	.30	.27
F10a: Umweltschutzorganisationen	.12	.10
F10b: Regierung/Politiker	.07	.37
% gemeinsame Varianz	83	27

Die intrapersonale Verantwortungszuweisung, d.h. die Einstellung, der Einzelne – man selbst bzw. die eigenen Eltern – könne etwas zum Schutz der Umwelt beitragen, erscheint insgesamt konsistenter, sie ist jedoch, wie die Häufigkeitsverteilung der Antworten zeigt, bei Schülern dieser Altersstufe deutlich geringer repräsentiert als die extrapersonale.

6.5.4. Umweltorientiertes Handeln

Die Skala „Umweltorientiertes Handeln" erfaßte das Ausmaß, in dem sich die befragten Grundschüler bereits für die Erhaltung oder Wiederherstellung der Umwelt engagiert haben. Das Hauptproblem bei der Messung der Handlungsdimension des Umweltbewußtseins bestand im Rahmen der vorliegenden Untersuchung darin, geeignete, altersgerechte Indikatoren für umweltbewußtes Verhalten zu finden. Dieses Problem gilt grundsätzlich auch für Erwachsenenbefragungen, es trifft jedoch in besonderem Maße auf Befragung von Kindern zu, da diese nur in sehr beschränktem Maße in der Lage sind, umweltschonende Verhaltensweisen eigenverantwortlich, d.h. ohne Anleitung, Intervention oder Unterstützung von Eltern, Lehrern und anderen Erwachsenen zu praktizieren.

Bei der Auswahl der Items wurde wiederum im wesentlichen auf die Ergebnisse der Erprobungsphase, also die von Schülern dieser Altersgruppe genannten Beispiele zurückgegriffen. Hinzugezogen werden konnten ferner die entsprechenden Angaben in der Studie von Szagun & Mesenholl (S. 42). Vier Items umfaßten Beispiele umweltbewußten Handelns, von denen angenommen wurde, daß sie aus den unmittelbaren Alltagserfahrungen von Schülern dieses Alters erwachsen, und zwar die Benutzung umweltschonender bzw. Nichtverwendung umweltbelastender Produkte in Schule oder Freizeit (F12c, F12e, F12f, F12h). Drei Items thematisierten umweltschonenede bzw. umweltbelastende Recycling-Maßnahmen (F12a, F12g, F12m). Die verbleibenden sechs Items nannten Aktivitäten, die in Zusammenhang mit Natur bzw. Naturschutz-Aktivitäten im engeren Sinne stehen (F12b, F12d, F12i, F12j, F12k, F12l). Frage 12 umfaßte somit insgesamt 13 Items, von denen drei (F12f, F12h und F12m) negativ gepolt waren. Die Beantwortung erfolgte auf einer dreistufigen Ratingskala (Das habe ich „nie", „ab und zu" bzw. „oft" getan). Zunächst wurden wiederum die prozentuale Häufigkeitsverteilung der Antworten errechnet:

Abb. 6.5.4.1: Prozentuale Häufigkeitsverteilung der Schülerantworten zu Frage 12 (Umweltorientiertes Handeln) (n = 480)

Item:	Das habe ich schon oft getan.	Das habe ich ab und zu getan.	Das habe ich noch nie getan.
a) Müll nicht in die Natur, sondern in eine Mülltonne geworfen.	83	15	2
b) Nistkästen für Vögel gebaut oder aufgehängt.	18	41	41
c) Schulhefte aus Umweltschutzpapier benutzt.	56	33	11
d) Im Winter draußen Vögel gefüttert	59	31	10
e) Batterien benutzt, die man wieder aufladen kann (Akkus).	61	24	15
f) Getränke (Fanta, Cola) in Dosen gekauft.	25	59	16
g) Altglas oder Altpapier zur Sammelstelle gebracht.	65	25	10
h) Schulbrote in Alu-Folie eingepackt.	11	28	61
i) Einen Teich gegraben und bepflanzt.	14	20	66
j) In einer Umweltschutzgruppe für Kinder mitgemacht.	7	8	85
k) bei der Gartenarbeit mitgeholfen.	64	31	5
l) ein eigenes Stückchen Garten angelegt und bepflanzt.	47	29	24
m) Batterien in die Mülltonne geworfen.	3	11	86

Im folgenden soll der Versuch unternommen werden, anhand der gewonnenen Daten Aussagen über das tatsächliche umweltgerechte Verhalten der Befragten zu machen. Dies wirft zunächst einige Schwierigkeiten auf, da die in Frage 12 aufgeführten umweltbezogenen Verhaltensweisen ein weites, qualitativ sehr unterschiedliches Spektrum an möglichen Aktivitäten abdeckten, zu denen die befragten Grundschüler möglicherweise nicht alle in gleichem Umfang Zugang hatten. Weiterhin ist anzumerken, daß nur einige der genannten Aktivitäten zum Alltagsverhalten gehören, mithin „oft“ gemacht werden können, andere wiederum, wie z.B. „Einen Teich graben und bepflanzen“ oder „In einer Umweltschutzgruppe für Kinder mitmachen“ an sich nur „ab und zu“ getan werden können. Insofern sind die Ergebnisse durchaus kritisch zu sehen.

Berücksichtigt man zunächst nur alltägliche Verhaltensweisen, die in Zusammenhang mit der Verwendung umweltbelastender Produkte und mit Müll- bzw. Recycling stehen (s.o.), so verhielten sich die Schüler durchaus umweltbewußt. Lediglich 11% hatten noch nie Hefte aus Recyclingpapier gekauft, 15% noch nie Akkus verwendet, 10% noch nie Altpapier oder Altglas zur Sammelstelle gebracht, nur 11% packten oft ihre Schulbrot in Alufolie ein und 86% hatten noch nie Batterien in den Müll geworfen. Allerdings gaben 84% aller Befragten an, oft oder doch zumindest ab und zu Getränke in Dosen gekauft zu haben – was als Indiz für die Ehrlichkeit der Antworten gewertet werden kann. Hinsichtlich der naturorientierten bzw. naturschutzbezogenen Aktivitäten ergab sich folgendes Bild: Lediglich 5% aller Befragten hatten noch nie bei der Gartenarbeit mitgeholfen, und 76% hatten bereits oft oder ab und zu einen eigenen Garten angelegt und bepflanzt. 59% hatten oft oder ab und zu Nistkästen für Vögel gebaut oder aufgehängt und nur 10% hatten noch nie im Winter Vögel gefüttert.

Zusammengefaßt scheint sich die Mehrzahl der befragten Grundschüler im Alltag – im Rahmen ihrer Möglichkeiten – also durchaus umweltbewußt zu verhalten. Im Zusammenhang mit den seitens der Schüler dokumentierten Verhaltensweisen dürfte allerdings in gewissem Umfange ein „Halo-Effekt“ zu berücksichtigen sein (Thorndike 1920), der sich verstärkt bemerkbar macht, wenn „das einzuschätzende Merkmal ungewöhnlich, nur schwer zu beobachten oder schlecht definiert ist“ (Bortz 1984, S. 127). Dieses Problem ist bei der Konstruktion von Verhaltens-Skalen jedoch ein grundsätzliches.

6.5.5. Umweltrelevantes Wissen

Die Skala „umweltrelevantes Wissen“ setzt sich aus zwei Sub-Skalen zusammen, von denen die eine Fragen zum sog. „Handlungs-Wissen“ umfaßte. Als Handlungs-Wissen wird im Rahmen dieser Untersuchung solches Wissen verstanden, das als notwendige Voraussetzung zur Ausführung bestimmter umweltbewahrender Verhaltensweisen anzusehen ist. Die andere Skala umfaßte Fragen zum sog. „Natur-Wissen“. Dieses wiederum beinhaltete Fragen zur Kenntnis heimischer Tierarten, zur Zuordnung Lebensraum – Organismus sowie zur Bewertung verschiedenartiger Eingriffe des Menschen in das Ökosystem „Garten“.

6.5.5.1. Handlungs-Wissen

Die Skala „Handlungs-Wissen“ erfaßte mit drei Fragen (F13, F14 und F15) verschiedene Aspekte umweltrelevanten Wissens, dessen Erwerb als Voraussetzung für umweltschonende bzw. -schützende Verhaltensweisen angesehen werden kann. Es waren dies zwei Fragen zum Bereich Mülltrennung und Recycling (F13 und F14) sowie eine Frage, in der nach der Bedeutung von graphischen Symbolen bzw. Schildern mit inhaltlichem Bezug zum Umweltschutz gefragt wurde (F15).

In Frage 13 mußten die Schüler insgesamt zwölf verschiedene Arten von im Haushalt anfallendem Müll in graphisch symbolisierte „Abfall-Tonnen“ einordnen. Die bei der Auswertung der Schülerfragebögen als richtig gewerteten Antworten sind in folgender Übersicht dargestellt:

Papier-Tonne:	Zeitungspapier Papp-Kartons	Glas-Tonne:	Weinflaschen
norm. Mülltonne:	Getränke-Dosen Joghurt-Becher Plastik-Tüten	Kompost-Tonne:	Eierschalen Laub Apfelschalen
Sonstiger Müll:	Alu-Folie Lackfarben Batterien		

Diese Zuordnung ist gegenwärtig aufgrund des in manchen Regionen eingeführten „Dualen Systems“ in dieser Weise nicht mehr aktuell. Zum Zeitpunkt der Befragung bestand jedoch in keiner der Gemeinden, in denen Schulen befragt wurden, die Möglichkeit, z.B. Getränkedosen oder Plastikabfälle getrennt zu entsorgen. Dies war vorab durch einen Anruf bei den betreffenden Städten bzw. Gemeinden in Erfahrung gebracht worden. Die folgende Graphik veranschaulicht nun, in welchem Umfang die einzelnen Müllarten von den Schülern den Erwartungen entsprechend zugeordnet wurden:

Abb. 6.5.5.1.1: Prozentualer Anteil der richtig zugeordneten Müllarten (n = 480)

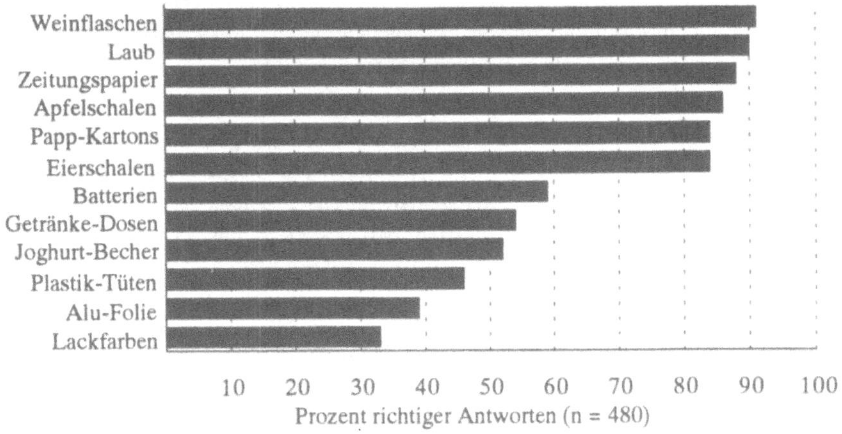

Im Durchschnitt wurden 67% der in Frage 13 genannten Müllarten richtig zugeordnet. Die folgende Abbildung zeigt noch differenzierter, wieviele richtige Zuordnungen von den Schülern vollzogen wurden:

Abb. 6.5.5.1.2.: Richtige Zordnungen der Müllarten in Prozent (n = 480)

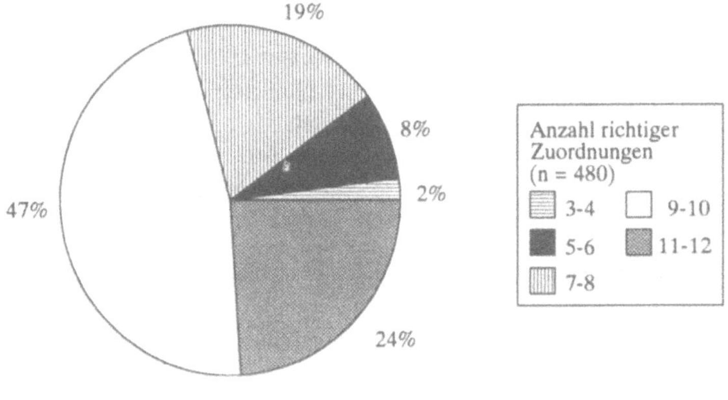

71% aller befragten Grundschüler konnten mehr als zwei Drittel der zwölf genannten Müllarten richtig zuordnen. Die befragten Grundschüler verfügten demnach über relativ gute Kenntnisse hinsichtlich der in dieser Frage angesprochenen Thematik, die möglicherweise mit dem in Frage 12 dokumentierten positiven Umweltverhalten in diesem Bereich korrespondieren.

In Frage 14 wurden die Schüler aufgefordert, den Verbleib bzw. das übliche Recycling-Verfahren für vier verschiedene, bereits in Frage 13 genannte Arten von Müll zu nennen, „nachdem die Müllmänner ihn abgeholt haben". Diese Form der offenen Fragestellung barg allerdings das Problem der Bewertung inhaltlich und sprachlich sehr unterschiedlich formulierter Schülerantworten. Folgende sinngemäße Schüleraussagen wurden als richtig bewertet:

a) Der Müll in der Papiertonne wird:	wiederverwertet wiederverwendet zu neuem Papier zu Recycling-Papier
b) Der Müll in der Glastonne wird:	eingeschmolzen zu neuem Glas wiederverwendet wiederverwertet
c) Der Müll in der Mülltonne wird:	verbrannt vergraben auf die Deponie gebracht
d) Der Müll in der Komposttonne wird:	zu Erde zu Muttererde verrottet vermodert zu Humus-/ Gartenerde

Die folgende Abbildung veranschaulicht, in welchem Umfang diese Frage richtig beantwortet wurde:

Abb. 6.5.5.1.3.: Prozentualer Anteil der richtigen Antworten zu Frage 14 (Recycling-Verfahren) (n = 480)

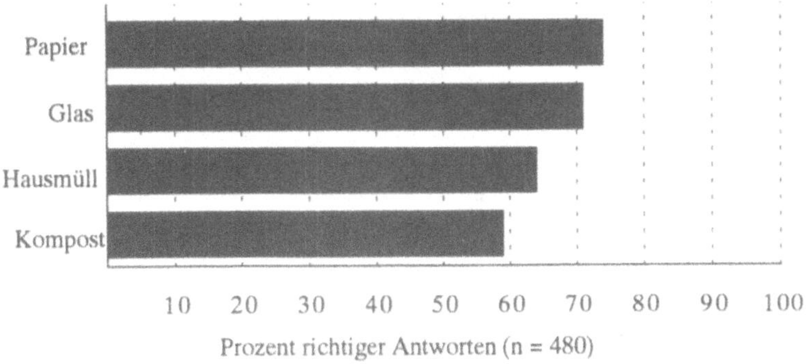

Die folgende Abbildung veranschaulicht noch differenzierter, wieviele richtige Zuordnungen von den Schülern insgesamt vollzogen wurden:

Abb. 6.5.5.1.4.: Prozentuale Verteilung der richtigen Schülerantworten zu Frage 14 (n = 480)

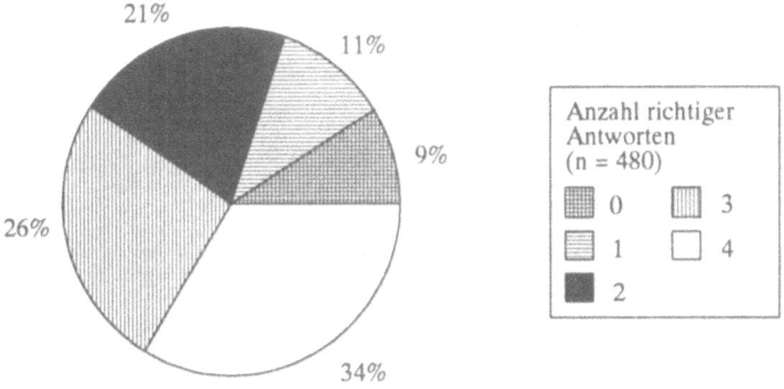

Auch bei dieser Frage zeigt sich, daß die Schüler relativ gut über Recycling-Fragen informiert waren. Im Durchschnitt waren 67% aller Antworten der Schüler richtig (Abb. 6.5.5.1.3.), und 60% aller Befragten konnten mindestens drei der insgesamt vier geforderten Arten der Müllverwertung nennen (Abb. 6.5.5.1.4.).

In Frage 15 wurden die Schüler aufgefordert, insgesamt drei graphische Symbole bzw. gebräuchliche Schilder mit inhaltlichem Bezug zum Umweltschutz zu benennen. Im einzelnen handelte es um a) den sog. „Blauen Engel" oder „Umweltengel" als Verbraucherinformation für umweltfreundliche Produkte, b) das amtliche Schild zur Kennzeichnung eines Landschafts- bzw. Naturschutzgebietes und c) das gebräuchliche Schild, das verwendet wird, um an entsprechenden Straßen auf die Wanderung von Amphibien („Krötenwanderung") hinzuweisen. Die beiden erstgenannten Symbole wurden bereits in der Untersuchung von Scherf & Bienengräber (1988) für die gleiche Altersstufe (3. und 4. Klasse) erfolgreich verwendet. Im folgenden werden wiederum die als richtig (und mit jeweils einem Punkt bewerteten) Schülerantworten aufgeführt:

zu a) Umweltschutz(zeichen)
Blauer Engel
Umweltfreundliche(s) Produkt(e)
umweltfreundlich/ -schonend
Umweltschutz mitmachen

zu b) Naturschutz(gebiet)
Landschaftsschutz(gebiet)
Natur/Tiere und Pflanzen schützen
Natur nicht zerstören

zu c) Kröten-/Froschwanderung
Kröten-/Froschübergang
Achtung, Kröten/Frösche auf der Straße
Vorsicht, Kröten/Frösche gehen/wandern über die Straße

Die folgende Abbildung zeigt, in welchem Umfang die Befragten die drei graphischen Symbole richtig erkannt bzw. benannt haben:

Abb. 6.5.5.1.5: Prozentualer Anteil der richtigen Schülerantworten zu Frage 15 (graphische Symbole) (n = 480)

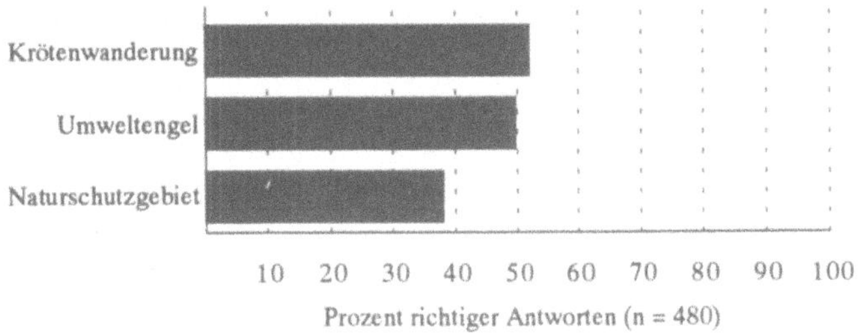

Die in Frage 15 abgebildeten Schilder wurden durchschnittlich von 47% aller Befragten richtig benannt. Hinsichtlich des Umweltschutzzeichens („Blauer Engel") liegt das Ergebnis mit 49,7 deutlich höher als das von Scherf & Bienengräber, in deren Untersuchung 38,8% aller Dritt- und Viertklässler dieses Zeichen richtig benennen konnten. Dies dürfte allerdings darauf zurückzuführen sein, daß die Zahl der Produkte, die mit diesem Symbol versehen sind, in den letzten Jahren deutlich zugenommen hat und der Bekanntheitsgrad dadurch erheblich gestiegen ist. Das Schild für „Natur- bzw. Landschaftsschutzgebiet wurde in der vorliegenden Untersuchung jedoch lediglich von 38,0% gegenüber 40,2% in der Vergleichsuntersuchung richtig benannt. Hierbei ist allerdings zu berücksichtigen, daß Scherf & Bienengräber bei diesem Symbol verschiedene Alternativantworten vorgegeben hatten, es in dieser Studie hingegen von den Befragten in freier Formulierung benannt werden mußte. Diese Form der offenen Fragestellung dürfte das Ergebnis im direkten Vergleich daher insgesamt etwas verzerrt haben.

Ferner wurde wiederum errechnet, wieviele richtige Angaben von den Schülern insgesamt gemacht wurden:

Abb. 6.5.5.1.6.: Prozentuale Verteilung der richtigen Schülerantworten Frage 15 insgesamt (n = 480)

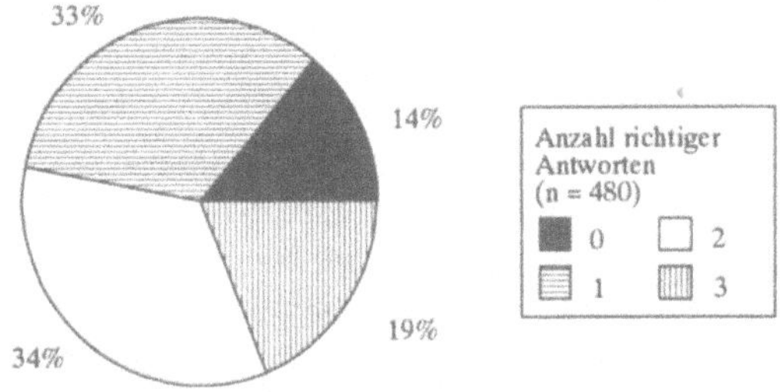

6.5.5.2. Natur-Wissen

In Frage 11 wurden die Schüler aufgefordert, verschiedenartige Eingriffe in das Öko-System „Garten" dahingehend zu beurteilen, ob sie a) der Natur nützen, b) der Natur schaden oder c) weder nützen noch schaden. Ziel dieser Frage war es, komplexeres Umweltwissen abzufragen, das als Ausdruck von Kenntnissen über Wechselwirkungen und Vernetztheiten in belebten Systemen angesehen werden kann. Die folgende Abbildung zeigt die Häufigkeitsverteilung der Antworten:

Abb. 6.5.5.2.1.: Häufigkeitsverteilung der Schülerantworten zu Frage 11 in Prozent (n = 480)

Item:	Das nützt der Natur	Das schadet der Natur	Weder noch
1. Wenn im Herbst das Laub zusammengeharkt und verbrannt wird.	38	31	31
2. Wenn der Boden unter Büschen und Bäumen regelmäßig von Unkraut befreit wird.	44	21	35
3. Wenn ein Stückchen Rasen nur zweimal im Jahr gemäht wird.	51	12	37
4. Wenn in Bäumen Nistkästen für Singvögel aufgehängt werden.	82	11	7
5. Wenn Blumen und Büsche gegen Blattläuse gespritzt werden.	43	38	19
6. Wenn alle Algen in einem Gartenteich entfernt werden.	56	12	32

Hinsichtlich des komplexeren Umwelt-Wissens wiesen die befragten Grundschüler erhebliche Defizite auf. So urteilten immerhin 38%, wenn im Herbst Laub zusammengeharkt und verbrannt wird, nütze dies der Natur, und 44% hielten die Maßnahme, daß der Boden unter Büschen und Bäumen regelmäßig von Unkraut befreit wird, für nützlich. Das Spritzen von Büschen und Bäumen war nach der Ansicht von 43% und das Entfernen aller (!) Algen in einem Gartenteich für 56% eine nützliche Maßnahme. Das Aufhängen von Nistkästen bzw. das zweimalige Mähen eines Rasens wurde demgegenüber von 82% bzw. 51% zu recht für nützlich gehalten. Zusammengefaßt dürften für die Mehrzahl der Befragten die hier gestellten Fragen nach komplexeren ökologischen Wissenszusammenhängen eine Überforderung gewesen sein. Als Indiz hierfür kann der vergleichsweise hohe prozentuale Anteil der Antwortmöglichkeit „Weder noch" bei komplexeren Fragestellungen herangezogen werden, der im Grunde als „Ich weiß nicht" zu bewerten ist.

In Frage 16 wurden die Schüler aufgefordert, insgesamt zehn Tiere drei verschiedenen Lebensräumen, die „die Tiere brauchen", zuzuordnen. Die folgende Abbildung gibt die als richtig bewerteten Zuordnungen sowie die richtigen Schülerantworten in Prozent an:

Abb. 6.5.5.2.2.: Richtige Zuordnungen von Tier und Lebensraum in Prozent (n = 480)

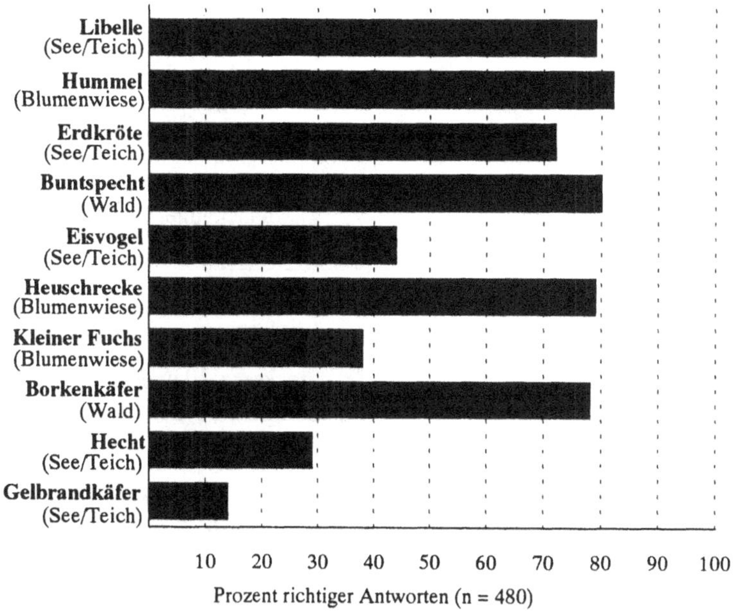

Es zeigt sich, daß die befragten Schülerinnen und Schüler durchschnittlich 59 % der in Frage 16 geforderten Zuordnungen richtig vollzogen. Auffällig sind die deutlichen Unterschiede bei den einzelnen Tierarten.

Zur Erfassung der Formenkenntnis mittels der Fragen 18 und 20 wurden jedem Schüler 24 Abbildungen (Farbkopien) heimischer Tiere vorgelegt (siehe Anhang), deren Art- bzw. Gattungsnamen in den entsprechenden Teil des Schülerfragebogens einzutragen waren. Bei der Auswahl der Tierarten sollte ein möglichst breites Spektrum der einheimischen Fauna berücksichtigt werden. Die Auswahl der Tiergruppen und -arten orientierte sich aus Gründen der Vergleichbarkeit weitgehend an bereits vorliegenden Befragungen von Schülern dieser Altersstufe (vgl. Eschenhagen 1982; Etschenberg 1983). Die folgende Abbildung faßt die 24 in der Untersuchung verwendeten Tierarten bzw. -gattungen zusammen:

Abb. 6.5.5.2.3.: Übersicht über die abgebildeten Tierarten bzw. -gattungen

Tiergruppen	Anzahl der Arten	Tierart bzw. -gattung
Wirbellose außer Insekten	4	Regenwurm, Weinbergschnecke, Wegschnecke, Kreuzspinne
Insekten	7	Kohlweißling, Rote Waldameise, Wespe, Hummel, Tagpfauenauge, Biene, Marienkäfer
Säugetiere	5	Maulwurf, Reh, Fledermaus Wildschwein, Eichhörnchen
Vögel	5	Stockente, Blaumeise, Schleiereule, Amsel, Weißstorch
Amphibien	3	Erdkröte, Teichmolch, Laubfrosch

Die folgende Graphik zeigt, in welchem Umfang die einzelnen Tierarten von den Schülern richtig benannt wurden:

Abb. 6.5.5.2.4.: Prozentualer Anteil der von den Schülern richtig benannten Tierarten bzw. -gattungen (n = 480)

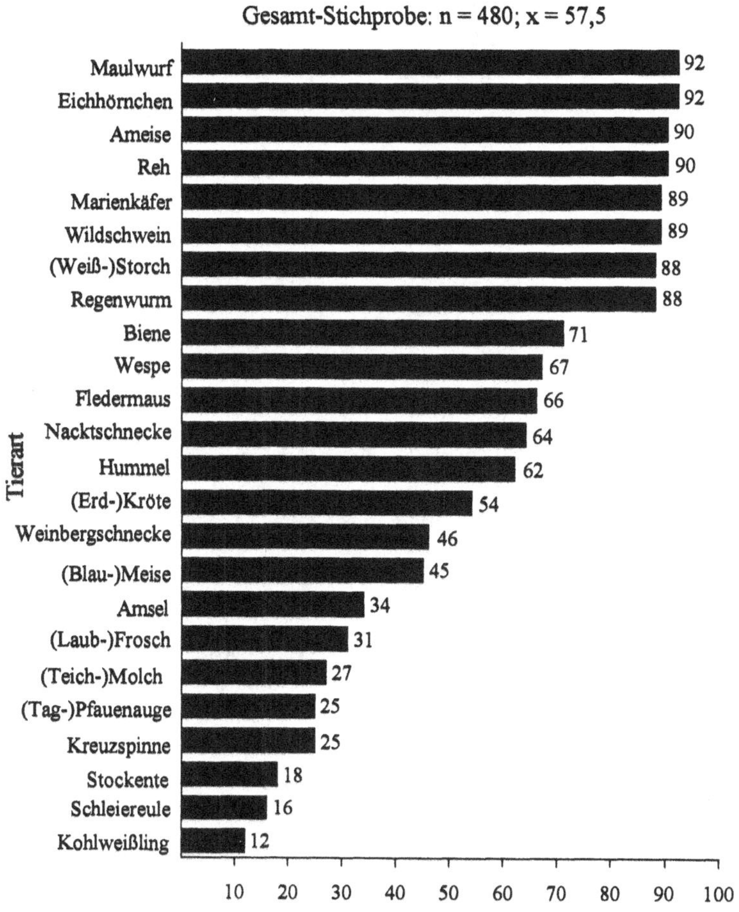

Bei der Auswertung der Schülerantworten mußte auch in der vorliegenden Untersuchung das bereits von Eschenhagen (1982) diskutierte Problem der Benennung der Tiere seitens der Schüler berücksichtigt werden. Bei der Auswertung der Schülerfragebögen wurden im vorliegenden Falle alle Antworten als richtig gezählt, die den Art- bzw. Gattungsnamen oder einen gebräuchlichen Trivialnamen (z.B. Wildente statt Stockente) enthielten. Demnach entsprachen die hier verwendeten Bewertungskriterien in etwa denen, die Eschenhagen als Rangfolge 2 eingestuft hat.

Die Daten zeigen, daß die befragten Grundschüler der 3. und 4. Klassen durchschnittlich 13,8 der insgesamt 24 vorgegebenen Tiere richtig benennen konnten. Dies entspricht 57,5% der insgesamt 24 vorgegebenen Arten bzw. Gattungen, wobei deutliche Unterschiede zwischen den verschiedenen Taxa bestehen. So wurden insgesamt 88% der abgebildeten Säugetiere, 58% der Wirbellosen (mit Insekten), 41% der Vögel sowie 38% der Amphibien entsprechend der von Eschenhagen vorgeschlagenen Bewertungskriterien richtig benannt. Dieser Durchschnittswert der richtigen Benennungen deckt sich nahezu vollständig mit dem von Eschenhagen genannten Wert von 58,0%. Diese Übereinstimmung widerspräche mithin der in jüngerer Zeit von Biologie-Didaktikern häufig geäußerten Einschätzung, daß die Artenkenntnis von Kindern und Jugendlichen in den letzten Jahren deutlich abgenommen habe. Zu diskutieren wäre allerdings die Frage, ob sich im Laufe der letzten zehn Jahre seit der Untersuchung von Eschenhagen (1982) die Quellen, aus denen Kinder vorrangig ihre Formenkenntnis beziehen, gewandelt haben. Ausgehend von der bereits zitierten Feststellung von Holtappels (1991), daß Kindheit und Jugend gegenwärtig einem „epochalen Wandel“ unterworfen sind, der vor allem durch eine „Mediatisierung“ sowie den „Verlust von Erfahrungsräumen in der Wohnumwelt“ gekennzeichnet ist, liegt die Vermutung nahe, daß Formenkenntnis heutzutage in erheblich stärkerem Umfange durch Mediennutzung (Fernsehen, Bücher) erworben wird als durch den unmittelbaren Kontakt mit der belebten Umwelt. Diese Vermutung läßt sich jedoch anhand der vorliegenden Daten nicht beweisen.

6.6. Faktorenanalytische Prüfung des Konstruktes Umweltbewußtsein

In einem weiteren Analyseschritt wurden alle Wissens- und Einstellungsvariablen des dieser Studie zugrundeliegenden Konstruktes „Umweltbewußtsein“ einer Faktorenanalyse unterzogen, um dessen Konsistenz zu prüfen. Ferner sollte auf diese Weise die Anzahl der Variablen für die weiterführenden statistischen Berechnungen sinnvoll reduziert werden. Zuvor wurde eine z-Transformation durchgeführt, um die verschiedenen Variablen auf den gleichen Maßstab zu bringen.[8]

Abb. 6.6.1.: Zwei-Faktoren-Modell (Varimax-Rotationsverfahren) zur Beschreibung der Dimensionen „Umweltrelevantes Wissen“ und „Umweltbezogene Einstellungen“

		Faktor 1	Faktor 2
F18/F20:	Artenkenntnis	**.63**	- .15
F16:	Lebensräume	**.59**	- .14
F14:	Recycling	**.58**	- .12
F13:	Mülltrennung	**.54**	- .09
F15:	graphische Symbole	**.50**	- .08
F14:	Nützt/Schadet?	.23	- .04
F7a:	Umweltprobleme gesamt	.19	.10
F10b:	Verantw.: Regierung	.11	.09
F10e:	Verantw.: Polizei	- .25	.08
F10d:	Verantw.: Eltern	- .25	.11
F10c:	Verantw.: Kind	- .26	.13
F8b:	Lokal: Umweltprobleme gesamt	.27	**.79**
F8c:	Kongruenz: F7a/F8a	.18	**.78**
F8a:	Lokal: Umweltprobleme ja/nein	.08	**.63**
F9:	Genug Umweltschutz?	.06	.27
F10a:	Verantw.: UWS-Organisationen	.10	- .11
% gemeinsame Varianz		54	46

Die Faktorenanalyse ergab ein Zwei-Faktoren-Modell zur Beschreibung des Datensatzes. Faktor 1 faßt die Variablen beider Wissens-Skalen (Handlungs-Wissen und Natur-Wissen) zusammen. Mithin bilden alle Variablen, die eine Ladungszahl > .50 auf diesen Faktor ausweisen, die stabile Dimension „umweltrelevantes Wissen“ des dieser Arbeit zugrundeliegenden theoretischen Konstruktes Umweltbewußtsein. Die Analyse zeigt ferner, daß die beiden Sub-Skalen Handlungs-Wissen und Natur-Wissen nicht zwei voneinander unabhängige Dimensionen des umweltrelevanten Wissens darstellen, sondern als integrale Bestandteile dieser Disposition aufzufassen sind.

Faktor 2 repräsentiert mit drei Variablen der Skala „Wahrgenommene Ernsthaftigkeit", die eine Ladungszahl > .50 auf diesen Faktor aufweisen, die Dimension der umweltbezogenen Einstellungen.

In der umweltpsychologischen Forschung wurde die Dimension des „tatsächlichen umweltbezogenen Handelns" (= Aktuales Commitment) schon früh als reine Handlungsdimension aus dem Einstellungskonstrukt „Umweltbewußtsein" ausgegliedert (oder nur noch als statistische Kontrollvariable mitgeführt; vgl. Urban 1986). Da dieses Vorgehen auch im Rahmen der vorliegenden Untersuchung plausibel erschien, wurden im folgenden die Variablen der Skala „Umwelthandeln" einer gesonderten Faktorenanalyse unterzogen.

Abb. 6.6.2: Zwei-Faktoren-Modell (Varimax-Rotationsverfahren) zur Beschreibung der Dimension „Umweltorientiertes Handeln"

		Faktor 1	Faktor 2
F12k:	Handeln: Garten	**.61**	.10
F12l:	Handeln: eig. Garten	**.56**	.19
F12c:	Handeln: UWS-Papier	**.24**	.06
F12a:	Handeln: Müll	**.19**	.03
F12b:	Handeln: Nistk.	.20	**.46**
F12e:	Handeln: Akkus	.07	**.39**
F12d:	Handeln: Vögel	.25	**.38**
F12i:	Handeln: Teich	.05	**.38**
F12g:	Handeln: Altglas	.16	**.32**
F12j:	Handeln: UWS-Gruppe	.15	**.26**
F12m:	Handeln: Batt. Müll	.06	- .23
F12f:	Handeln: Dosen	.00	- .18
F12h:	Handeln: Alu	.05	- .17
% gemeinsame Varianz		51	49

Die nach dem Varimax-Rotationsverfahren durchgeführte Analyse ergab ein Zwei-Faktorenmodell zur Beschreibung des Datensatzes. Von der Gesamtvarianz der 13 Items konnten in diesem ersten Analyseschritt durch die zwei Faktoren jedoch lediglich 15% aufgeklärt werden. Von der gemeinsamen Varianz entfielen auf den Faktor 1 51% und auf den Faktor 2 49%. Da das Ziel einer Faktorenanalyse die Reduktion der Variablenzahl zur Beschreibung eines Datensatzes ist, soll unter diesem Gesichtspunkt im folgenden trotz des geringen Anteils aufgeklärter Varianz eine Interpretation der extrahierten Faktoren unternommen werden.

Relativ hohe Ladungszahlen auf den Faktor 1 (.61 bzw. .56) weisen die beiden Items auf, die unmittelbare Naturerfahrungen durch Mithilfe bzw. selbständige Arbeit im Garten beinhalten. Faktor 2 ist demgegenüber komplexer und auf den ersten Blick uneinheitlicher. Er faßt verschiedenartige, qualitativ unterschiedliche umweltbezogene Aktivitäten zusammen. Die negativen Ladungen der drei Variablen auf diesen Faktor, die als umweltfeindliche Aktivitäten anzusehen sind (F12f, F12h, F12m), legen den Schluß nahe, daß Variablen mit relativ hohen Ladungen auf den Faktor 2 als heterogene Indikatoren positiven Umweltverhaltens anzusehen sind. Da Faktor 2 jedoch in keinem Falle mehr als 21% der Varianz der analysierten Variablen aufklärt, muß davon ausgegangen werden, daß diese faktoriell komplex sind und möglicherweise weitere, mit dieser Analyse nicht erfaßbare Faktoren repräsentieren.

7. Ergebnisse der Varianz-Analyse

Um komplexere Fragestellungen im Rahmen dieser Arbeit statistisch adäquat bearbeiten zu können, wurde zur Hypothesenprüfung eine multifaktorielle varianzanalytische Auswertung durchgeführt. Im nun folgenden Abschnitt werden die Haupteffekte und die Interaktionen 1. Ordnung der unabhängigen Variablen auf die abhängigen Variablen, d.h. auf die Dimensionen des dieser Arbeit zugrundeliegenden Konstruktes „Umweltbewußtsein" dargestellt. Der Übersichtlichkeit halber werden zunächst die Ergebnisse der Varianz-Analyse für den Test „Umwelt-Wissen gesamt" sowie die Untertests „Handlungs-Wissen" und „Natur-Wissen", im Anschluß daran die Ergebnisse für den Test „Umweltbezogene Einstellungen" und den Test „Umweltorientiertes Handeln" nacheinander behandelt und im Anschluß daran vergleichend diskutiert.[9]

Die Darstellung der Ergebnisse erfolgt für alle analysierten abhängigen Variablen in gleicher Weise: Zunächst werden jeweils die Zellenmittelwerte in einer Tabelle zuammengefaßt, daran anschließend die Ergebnisse der Varianzanalyse ebenfalls in einer Tabelle dargestellt. Diese Tabelle beinhaltet die Stufen der unabhängigen Variablen, die arithmetischen Mittel sowie die Differenz der arithmetischen Mittel der untersuchten Gruppen. Der empirische F-Wert (Femp.) ist das Ergebnis des F-Bruches, bei dem die mittlere quadratische Abweichung zwischen den untersuchten Gruppen (Mean Square between = MSb) durch die mittlere quadratische Abweichung innerhalb der untersuchten Gruppen (Mean Square within = MSw) geteilt wird. Den Maßstab zur Beurteilung des empirischen F-Wertes bildet die theoretische F-Verteilung (vgl. Bortz 1984; Clauß & Ebner 1989; Backhaus et al. 1990). In der letzten Spalte wird die Irrtumswahrscheinlichkeit (P) angegeben. Die Signifikanzniveaus für die im folgenden vorgestellten Analysen werden wie folgt bezeichnet (vgl. Clauss & Ebner 1989):

alpha $\leq$ .05: signifikant

alpha $\leq$ .01: sehr signifikant

alpha $\leq$ .001: hochsignifikant

7.1. Umweltrelevantes Wissen

Bei der Analyse der abhängigen Variablen „Umwelt-Wissen gesamt“ wurden alle Items berücksichtigt, die bei der faktorenanalytischen Prüfung der Dimension „umweltrelevantes Wissen“ eine Ladungszahl > .50 auf den Faktor 1 aufwiesen. Im einzelnen handelte es sich um die Fragen 13, 14 und 15 der Sub-Skala „Handlungs-Wissen“ sowie die Fragen 16, 18 und 20 der Sub-Skala „Natur-Wissen“.

Für die nachfolgenden Berechnungen wurden die Antworten zu den beiden Sub-Skalen derart gewichtet, daß die Skala „umweltrelevantes Wissen“ insgesamt maximal 34 Punkte umfaßte, jede der beiden Sub-Skalen mithin maximal 17 Punkte. Es werden zunächst die Mittelwerte der Summenscores aller genannten Items für jede Zelle des Versuchsplanes aufgeführt, im Anschluß daran die Ergebnisse der Varianzanalyse sowie die signifikanten Interaktionen 1. Ordnung dargestellt.

Abb. 7.1.1.: Mittelwerte der Zellen für den Test „Umweltrelevantes Wissen“ (n = 480)

	wenig Umwelterziehung				viel Umwelterziehung			
	3. Klassen		4. Klassen		3. Klassen		4. Klassen	
	weibl.	männl.	weibl.	männl.	weibl.	männl.	weibl.	männl.
Stadt hoch	18,40	20,07	20,93	21,40	18,20	19,73	21,07	21,00
Stadt niedrig	18,73	17,73	18,13	18,27	16,93	18,27	18,13	17,07
Land hoch	17,93	19,19	22,00	23,00	20,57	22,06	22,67	23,42
Land niedrig	16,07	18,73	20,33	19,53	16,47	21,13	21,91	11,09

Abb. 7.1.2.: „Umweltrelevantes Wissen“ in Abhängigkeit von sozialer Schicht, Klasse, Herkunft, Geschlecht sowie Qualität und Umfang schulischer Umwelterziehung; Darstellung der Haupteffekte (n = 480)

Merkmal	UV	Stufen	arith. Mittel	Differenz	Femp	P
Soziale Schicht	SS	hoch	20,73	- 2,01	38,54	0,0001
		niedrig	18,72			
Klasse	KS	4. Klasse	20,68	- 1,92	29,15	0,0001
		3. Klasse	18,76			
Stadt vs. Land	SL	Land	20,44	- 1,44	18,09	0,0001
		Stadt	19,00			
Geschlecht	GS	männl.	20,17	- 0,89	6,64	0,0103
		weibl.	19,28			
Umwelterziehung	UE +/-	viel UE	20,04	- 0,64	3,10	0,0791
		wenig UE	19,40			

Die Ergebnisse der Varianzanalyse zeigen einen hochsignifikanter Einfluß der unabhängigen Variablen „soziale Schicht“, „Klassenstufe“ und Wohnort („Stadt vs. Land“) auf das Wissen der befragten Schüler, ferner einen signifikanten Zusammenhang des Geschlechts mit dem Wissen. Hinsichtlich der Bedeutsamkeit schulischer Umwelterziehung läßt sich jedoch kein signifikanter Einfluß auf die Wissens-Dimension des kindlichen Umweltbewußtseins nachweisen. Es folgt nun die Darstellung der signifikanten Interaktionen 1. Ordnung:

Abb. 7.1.3.: „Umweltrelevantes Wissen“ in Abhängigkeit von sozialer Schicht, Klasse, Herkunft, Geschlecht sowie Qualität und Umfang schulischer Umwelterziehung; Darstellung der signifikanten Interaktionen 1. Ordnung (n = 480)

Stadt/Land * Klasse

Femp. = 6,72

P = 0,0098

	3. Kl.	4. Kl.
Stadt	18,50	19,50
Land	19,06	21,87

Stadt/Land * UE +/-

Femp. = 8,76

P = 0,0032

	3. Kl.	4. Kl.
Stadt	19,20	18,80
Land	19,60	21,29

Klasse * Geschlecht

Femp. = 5,66

P = 0,0177

	3. Kl.	4. Kl.
männlich	19,60	20,72
weiblich	17,90	20,65

Die Diskussion der signifikanten Interaktionen erfolgt im Rahmen der Zusammenfassung der Ergebnisse (Kap. 7.4.)

7.1.1. Handlungs-Wissen

In einem nächsten Schritt wurden die Items der Sub-Skala „Handlungs-Wissen“ einer gesonderten Analyse unterzogen (Frage 13, 14 und 15). Im folgenden werden wiederum zunächst die Zellen-Mittelwerte und im Anschluß daran die Ergebnisse der Varianzanalyse sowie die signifikanten Interaktionen 1. Ordnung dargestellt.

Abb. 7.1.1.1.: Mittelwerte der Zellen für den Untertest „Handlungs-Wissen" (n = 480)

	wenig Umwelterziehung				viel Umwelterziehung			
	3. Klassen		4. Klassen		3. Klassen		4. Klassen	
	weibl.	männl.	weibl.	männl.	weibl.	männl.	weibl.	männl.
Stadt hoch	8,73	9,40	9,40	10,07	8,40	9,13	9,53	9,93
Stadt niedrig	8,80	8,47	7,80	8,60	7,40	8,53	8,20	8,20
Land hoch	7,79	8,69	10,29	10,54	8,57	9,56	10,50	11,00
Land niedrig	6,60	8,73	9,73	9,33	6,73	9,47	10,09	9,64

Abb. 7.1.1.2: „Handlungs-Wissen" in Abhängigkeit von sozialer Schicht, Klasse, Herkunft, Geschlecht sowie Qualität und Umfang schulischer Umwelterziehung; Darstellung der Haupteffekte (n = 480)

Merkmal	UV	Stufen	arith. Mittel	Differenz	Femp	P
Klasse	KS	4. Klasse	9,52	-1,08	27,43	0,0001
		3. Klasse	8,44			
Soziale Schicht	SS	hoch	9,43	-0,91	23,83	0,0001
		niedrig	8,52			
Geschlecht	GS	männl.	9,29	-0,63	10,38	0,0014
		weibl.	8,66			
Stadt vs. Land	SL	Land	9,20	-0,45	4,52	0,0341
		Stadt	8,75			
Umwelter-ziehung	UE +/-	viel UE	9,02	-0,08	0,28	0,5968
		wenig UE	8,94			

Die Ergebnisse der Varianzanalyse bestätigen einen hochsignifikanten Zusammenhang zwischen den unabhängigen Variablen „soziale Schicht", „Klasse" und „Geschlecht" einerseits und dem Handlungs-Wissen der befragten Schüler andererseits, ferner einen signifikanten Zusammenhang zwischen den Variablen „Herkunft" (Stadt vs. Land) und Wissen. Hinsichtlich der Wirksamkeit schulischer Umwelterziehung läßt sich auch hier kein signifikanter Zusammenhang nachweisen. Es folgt nun die Darstellung der signifikanten Interaktionen 1. Ordnung:

Abb. 7.1.1.3: „Handlungs-Wissen" in Abhängigkeit von sozialer Schicht, Klasse, Herkunft, Geschlecht sowie Qualität und Umfang schulischer Umwelterziehung; Darstellung der signifikanten Interaktionen 1. Ordnung (n = 480)

Stadt/Land * Klasse

Femp. = 13,02

P = 0,0003

	3. Kl.	4. Kl
Stadt	8,61	8,89
Land	8,27	10,14

Klasse * Geschlecht

Femp. = 4,30

P = 0,0388

	3. Kl.	4. Kl
männlich	9,00	9,59
weiblich	7,88	9,44

Die Diskussion der signifikanten Interaktionen erfolgt im Rahmen der Zusammenfassung der Ergebnisse (Kap. 7.4.)

7.1.2. Natur-Wissen

Daran anschließend wurden die Items der Sub-Skala „Natur-Wissen" einer gesonderten Analyse unterzogen (Frage 16, 18 und 20). Im folgenden werden wiederum zunächst die Zellen-Mittelwerte und im Anschluß daran die Ergebnisse der Varianzanalyse sowie die signifikanten Interaktionen 1. Ordnung dargestellt.

Abb. 7.1.2.1.: Mittelwerte der Zellen für den Untertest „Natur-Wissen"; (n = 480)

	wenig Umwelterziehung				viel Umwelterziehung			
	3. Klassen		4. Klassen		3. Klassen		4. Klassen	
	weibl.	männl.	weibl.	männl.	weibl.	männl.	weibl.	männl.
Stadt hoch	9,67	10,67	11,53	11,33	9,80	10,60	11,53	11,07
Stadt niedrig	9,93	9,27	10,33	9,67	9,53	9,73	9,93	8,87
Land hoch	10,14	10,50	11,71	12,46	12,00	12,50	12,17	12,42
Land niedrig	9,47	10,00	10,60	10,20	9,73	11,67	11,82	12,46

Abb. 7.1.2.2.: „Natur-Wissen" in Abhängigkeit von sozialer Schicht, Klasse, Herkunft, Geschlecht sowie Qualität und Umfang schulischer Umwelterziehung; Darstellung der Haupteffekte (n = 480)

Merkmal	UV	Stufen	arith. Mittel	Differenz	Femp	P
Soziale	SS	hoch	11,26			
Schicht		niedrig	10,20	-1,06	33,43	0,0001
Stadt vs.	SL	Land	11,24			
Land		Stadt	10,22	-1,02	17,94	0,0001
Klasse	KS	4. Klasse	11,13			
		3. Klasse	10,32	-0,81	15,61	0,0001
Umwelter-	UE	viel UE	10,99			
ziehung	+/-	wenig UE	10,47	-0,52	6,60	0,0105
Geschlecht	GS	männl.	10,84			
		weibl.	10,62	-0,22	1,21	0,2719

Die Ergebnisse der Varianzanalyse bestätigen einen hochsignifikanten Zusammenhang zwischen den unabhängigen Variablen „soziale Schicht", „Wohnort" (Stadt vs. Land) sowie „Klassenstufe" einerseits und dem Natur-Wissen der befragten Schüler andererseits, ferner einen signifikanten Zusammenhang zwischen den Variablen „Umwelterziehung" und Natur-Wissen. Hinsichtlich des Geschlechts läßt sich kein signifikanter Zusammenhang nachweisen. Es folgt nun die Darstellung der signifikanten Interaktionen 1. Ordnung:

Abb. 7.1.2.3.: „Natur-Wissen" in Abhängigkeit von sozialer Schicht, Klasse, Herkunft, Geschlecht sowie Qualität und Umfang schulischer Umwelterziehung; Darstellung der signifikanten Interaktionen 1. Ordnung; (n = 480)

Stadt/Land * UE +/-

Femp. = 11,79

P = 0,0007

	UE +	UE -
Stadt	10,30	10,13
Land	10,64	11,85

Klasse * Geschlecht

Femp. = 3,99

P = 0,0464

	3. Kl.	4. Kl
männlich	10,62	11,62
weiblich	10,03	11,20

Die Diskussion der signifikanten Interaktionen erfolgt im Rahmen der Zusammenfassung der Ergebnisse (Kap. 7.4.)

7.2. Umweltbezogene Einstellungen

Bei der Analyse der abhängigen Variablen „Umwelt-Einstellungen" wurden alle Items berücksichtigt, die bei der faktorenanalytischen Prüfung der Dimension „umweltbezogene Einstellungen" eine Ladungszahl > .50 auf den Faktor 2 aufwiesen. Im einzelnen handelte es sich dabei um die Fragen 8a, 8b und 8c, also um die Fragen, bei denen nach der Wahrnehmung und Beurteilung von Umweltproblemen im unmittelbaren Lebensumfeld der Schüler gefragt worden war. Im folgenden werden zunächst wiederum die Mittelwerte der Summen aller genannten Items für jede Zelle des Versuchsplanes aufgeführt. Im Anschluß daran werden die Ergebnisse der Varianzanalyse sowie die signifikanten Interaktionen 1. Ordnung dargestellt.

Abb. 7.2.1.: Mittelwerte der Zellen für den Untertest „Umweltbezogene Einstellungen" (n = 480)

	wenig Umwelterziehung				viel Umwelterziehung			
	3. Klassen		4. Klassen		3. Klassen		4. Klassen	
	weibl.	männl.	weibl.	männl.	weibl.	männl.	weibl.	männl.
Stadt hoch	6,67	6,20	7,07	6,93	7,60	7,27	7,40	6,87
Stadt niedrig	6,20	5,86	6,60	6,73	6,93	6,00	6,67	5,53
Land hoch	4,14	4,31	5,18	4,85	6,71	5,25	6,44	3,68
Land niedrig	5,60	4,33	5,27	4,87	5,33	5,53	4,91	3,91

Abb. 7.2.2.: „Umweltbezogene Einstellungen" in Abhängigkeit von sozialer Schicht, Klasse, Wohnort, Geschlecht sowie Qualität und Umfang schulischer Umwelterziehung; Darstellung der Haupteffekte (n = 480)

Merkmal	UV	Stufen	arith. Mittel	Differenz	Femp	P
Stadt vs. Land	SL	Stadt	6,66	- 1,58	63,02	0,0001
		Land	5,08			
Soziale Schicht	SS	hoch	6,04	- 0,40	3,15	0,0768
		niedrig	5,64			
Geschlecht	F1	weibl.	6,17	- 0,66	11,19	0,0009
		männl.	5,51			
Umwelter-ziehung	F13	viel UE	6,00	- 0,32	2,59	0,1084
		wenig UE	5,68			
Klasse	KS	3. Klasse	5,87	- 0.06	0,07	0,7879
		4. Klasse	5,81			

Die Varianzanalyse bestätigt einen hochsignifikanten Zusammenhang zwischen den unabhängigen Variablen „Wohnort" (Stadt vs. Land) und „Geschlecht" und den Einstellungen der befragten Schüler. Hinsichtlich der anderern unabhängigen Variablen lassen sich keine signifikanten Zusammenhänge nachweisen. Es folgt nun die Darstellung der einzigen vorgefundenen signifikanten Interaktion 1. Ordnung:

Abb. 7.2.3: „Umweltbezogene Einstellungen" in Abhängigkeit von sozialer Schicht, Klasse, Wohnort, Geschlecht sowie Qualität und Umfang schulischer Umwelterziehung; Darstellung der signifikanten Interaktionen 1. Ordnung (n = 480)

Klasse * UE +/-

Femp. = 7,79

P = 0,0055

	UE +	UE -
3. Kl.	5,41	6,33
4. Kl.	5,94	5,68

Die Diskussion der signifikanten Interaktion erfolgt im Rahmen der Zusammenfassung der Ergebnisse (Kap. 7.4.)

7.3. Umweltorientiertes Handeln

Bei der Analyse der abhängigen Variablen „Umweltorientiertes Handeln" wurden alle Items berücksichtigt, die bei der faktorenanalytischen Prüfung der entsprechenden Skala (Abb. 6.6.2) eine Ladungszahl > .30 auf den Faktor 2 aufwiesen, also die Items 12b, 12d, 12e, 12g, und 12i. Im folgenden werden zunächst wiederum die Mittelwerte für jede Zelle des Versuchsplanes aufgeführt. Im Anschluß daran werden die Ergebnisse der Varianzanalyse dargestellt. Für diese abhängige Variable wurden keine signifikante Interaktion 1. Ordnung vorgefunden.

Abb. 7.3.1: Mittelwerte der Zellen für den Untertest „Umweltorientiertes Handeln; (n = 480)

	wenig Umwelterziehung				viel Umwelterziehung			
	3. Klassen		4. Klassen		3. Klassen		4. Klassen	
	weibl.	männl.	weibl.	männl.	weibl.	männl.	weibl.	männl.
Stadt hoch	6,43	7,87	6,86	7,29	7,15	7,27	6,43	6,93
Stadt niedrig	7,07	6,57	6,57	7,23	6,33	6,85	8,00	7,43
Land hoch	7,15	6,75	7,12	7,42	6,90	7,38	7,59	6,84
Land niedrig	6,46	6,33	5,50	6,64	6,31	7,38	7,10	6,45

Abb. 7.3.2: „Umweltorientiertes Handeln" in Abhängigkeit von sozialer Schicht, Klasse, Wohnort, Geschlecht sowie Qualität und Umfang schulischer Umwelterziehung; Darstellung der Haupteffekte (n = 480)

Merkmal	UV	Stufen	arith. Mittel	Differenz	Femp	P
Soziale Schicht	SS	hoch	7,09	- 0,2	4,08	0,0440
		niedrig	6,89			
Geschlecht	GS	männl.	7,04	- 0,23	1,80	0,1802
		weibl.	6,81			
Umwelter-ziehung	UE +/-	viel UE	7,02	- 0,19	0,98	0,3236
		wenig UE	6,83			
Stadt vs. Land	SL	Stadt	7,02	- 0,19	0,95	0,3313
		Land	6,83			
Klasse	KS	4. Klasse	6,96	- 0,07	0,10	0,7462
		3. Klasse	6,89			

Die Varianzanalyse ergab lediglich einen schwach signifikanten Zusammenhang, und zwar zwischen der unabhängigen Variablen „soziale Schicht" und dem umweltorientierten Handeln. Alle anderen unabhängigen Variablen hatten keinen Einfluß auf das Handeln der befragten Schülerinnen und Schüler.

7.4. Zusammenfassung der Ergebnisse der Varianzanalyse

Im folgenden Abschnitt werden die Haupteffekte und die Interaktionen 1. Ordnung der unabhängigen Variablen auf die anhängigen Variablen, d.h. die Tests bzw. Untertests zu Wissen, Einstellungen und Handeln vergleichend diskutiert.

7.4.1. Stadt vs. Land

Landkinder verfügten über ein hochsignifikant größeres gesamtes Umwelt-Wissen und Natur-Wissen als Stadtkinder. Auch ihr Handlungs-Wissen war signifikant höher. Im Gegensatz dazu erzielten Stadtkinder hochsignifikant bessere Werte im Test „Umweltbezogene Einstellungen", d.h. sie nahmen Umweltprobleme in ihrer Lebenswelt in weitaus höherem Maße wahr. Dieses Ergebnis dürfte m.E. allerdings darauf zurückzuführen sein, daß die im Fragebogen genannten Umweltprobleme im Bewußtsein der Stadt-Schüler möglicherweise gegenwärtiger waren als bei Kindern vom Land. Hinsichtlich der Variablen „Umweltorientiertes Handeln" war kein signifikanter Unterschied feststellbar.

Betrachtet man die geringe Zahl der Interaktionen, so erscheint im Hinblick auf den Einfluß von Umwelterziehung insbesondere der sehr signifikante Unterschied zwischen Stadt- und Landkindern diskussionswürdig. Die Abbildung 7.1.3. zeigt, daß der höhere Wert für Schüler mit vergleichsweise besserer Umwelterziehung ganz und gar auf den doch erheblichen Wissenszuwachs der Landkinder zurückzuführen ist. Bei Stadtkindern ist sogar ein entgegengesetzter Effekt festzustellen. Berücksichtigt man ferner die hochsignifikanten Interaktionen beim Untertest „Natur-Wissen" (Abb. 7.1.2.3.), dann liegt der Schluß nahe, daß der gesamte auf die Umwelterziehung zurückzuführende Wissenszuwachs bei den Landkindern ausschließlich auf einen deutlichen Lerneffekt hinsichtlich der Kenntnis von Tieren und ihren Lebensräumen zurückzuführen ist.

Zwei weitere signifikante Interaktionen belegen darüber hinaus für Land-Schüler einen überproportional starken Zuwachs an „Umwelt-Wissen" und „Handlungs-Wissen" von der 3. zur 4. Klasse (Abb. 7.1.3.). Diese Ergebnisse lassen den

Schluß zu, daß zumindest ein Teil des Effektes der Umwelterziehung auf das Wissen der Schüler in den befragten Landschul-Klassen möglicherweise auf (eine) weitere, im Rahmen der hier vorgestellten Untersuchung nicht berücksichtigte Variable(n) im Zusammenhang mit dem Umweltunterricht der dortigen 4. Klassen zurückzuführen ist bzw. sind.

7.4.2. Bildungsgrad des Elternhauses

Die Einteilung der befragten Schulklassen in die Kategorien „Soziale Schicht hoch bzw. niedrig“ erfolgte anhand des jeweiligen Anteils von Akademiker-Kindern in den befragten Klassen. Die folgenden Ergebnisse beziehen sich also in erster Linie auf Unterschiede zwischen Schülern mit unterschiedlichem familiärem Bildungshintergrund. Die Kinder der Kategorie „soziale Schicht hoch“ erzielten in allen drei Wissens-Tests hochsignifikant bessere Werte als die Vergleichsgruppe, jedoch nur gerade eben signifikant bessere Ergebnisse bezüglich des umweltbewußtens Handelns. Hinsichtlich der Wahrnehmung von Umweltproblemen ließ sich kein signifikanter Unterschied zwischen beiden Gruppen feststellen. Bezüglich dieser Variablen wurden keine signifikanten Interaktionen gefunden.

7.4.3. Geschlecht

Jungen verfügten über ein signifikant größeres gesamtes Umwelt-Wissen als Mädchen. Dieser Unterschied war bei genauerer Betrachtung allerdings ausschließlich auf das deutlich bessere Ergebnis im Teil „Handlungs-Wissen“ zurückzuführen. Hinsichtlich des „Natur-Wissens“ ließ sich statistisch kein signifikanter Unterschied zwischen den Geschlechtern nachweisen. Demgegenüber waren Mädchen hochsignifikant problembewußter. Bezüglich umweltgerechten Handelns ließ sich wiederum kein nennenswerter Unterschied zwischen Jungen und Mädchen feststellen.

Die signifikanten Interaktionen bezüglich des Geschlechts zeigten bei den Mädchen eine überproportional starke Zunahme an Handlungs- und Natur-Wissen von der 3. zur 4. Klasse (Abb. 7.1.1.3. und 7.1.2.3.). Das vergleichsweise geringere Wissen der befragten Mädchen aus den 3. Klassen verzerrte daher die Gesamtergebnisse in den Wissens-Tests zugunsten der Jungen. Für die 4. Klassen war im Grunde kein nennenswerter Wissensunterschied mehr zwischen beiden

Geschlechtern feststellbar. Dieser Effekt läßt sich jedoch anhand der vorliegenden Daten nicht erklären.

7.4.4. Klassenstufe

Das Umwelt-Wissen der Viertklässler war in beiden Untertests (Handlungs- und Natur-Wissen) hochsignifikant größer als das der Drittklässler, bezüglich des Problembewußtseins sowie des Handelns war jedoch kein signifikanter Unterschied feststellbar. Dieses Ergebnis ist beachtenswert, weil es – im Vergleich von 3. und 4. Klassen – offenbar dem weiter unten dargestellten schwach korrelativen Zusammenhang zwischen Wissen und Verhalten widerspricht. Die signifikanten Interaktionen zwischen Klassenstufe und Stadt vs. Land bzw. Geschlecht wurden bereits diskutiert.

7.5. Korrelationsstatistische Prüfung der Dimensionen des Umweltbewußtseins

In einem weiteren Schritt wurde berechnet, wie hoch die einzelnen Tests bzw. Untertests miteinander korrelieren. Die folgende Graphik veranschaulicht das Ergebnis:

Abb. 7.5.1: Interkorrelationen der Dimensionen des Umweltbewußtseins (Pearson Corr.)

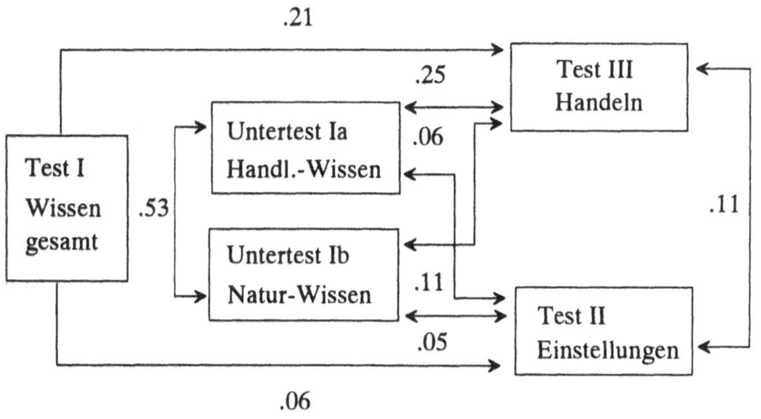

Die vorgefundene korrelative Beziehung zwischen Wissen und Handeln mit r = .21 entspricht in etwa dem in der Meta-Analyse von Hines et al. (1987) errechneten Wert von r = .19 für die von den Autoren analysierten Befragungen bei Kindern. Er liegt jedoch deutlich unter dem in der genannten Studie angegebenen Wert der von den Autoren berücksichtigten Erwachsenenbefragungen für die korrelative Beziehung von Wissen und tatsächlichem Verhalten von r = .37 bzw. Wissen und berichtetem Verhalten von r = .29. Bemerkenswert ist in diesem Zusammenhang insbesondere der Unterschied zwischen den Wissens-Untertests: Während die Korrelation zwischen Handlungs-Wissen und umweltorientiertem Handeln mit r = .25 über dem o.g. Wert liegt, beträgt die Interkorrelation bezüglich des Natur-Wissens lediglich r = .11. Dies kann als Hinweis darauf gewertet werden, daß ein hohes Maß an Kenntnis bzw. Interesse an Natur auf dieser Altersstufe, verglichen mit dem Wert von r = .25 für das Handlungs-Wissen, in deutlich geringer ausgeprägtem Zusammenhang mit umweltorientierten Verhaltensweisen steht, Kinder mit einem größeren Handlungs-Wissen also vergleichsweise umweltbewußter handeln als Kinder mit ausgeprägterem Natur-Wissen. Rost (1991) hat in diesem Zusammenhang allerdings darauf hingewiesen, daß „die bivariate Betrachtung von Wissen und Handeln eine zu eingeschränkte Sichtweise darstellt" (S. 142).

Hinsichtlich des Zusammenhanges von Einstellungen und Handeln liegt das Ergebnis dieser Studie mit r = .11 deutlich unter dem von Hines et al. (1987) angegebenen entsprechenden Wert für Kinder- und Erwachsenenbefragungen von r = .33. Er liegt des weiteren unter den anhand von Erwachsenen-Befragungen gewonnenen Ergebnissen von Urban (1986) mit r = .25, Kley & Fietkau (1979) mit r = .14 bis r = .45 sowie Liere et al. mit r = .14 bis 36. Bemerkenswert ist ferner der vergleichsweise außerordentlich niedrige Korrelationswert von r = .06 zwischen der Wissens- und der Einstellungsdimension. Diese Ergebnisse lassen vermuten, daß die umweltbezogenen Einstellungen bei Grundschülern noch nicht in dem Maße entwickelt sind und in einem konsistenten Zusammenhang mit Wissens- und Handlungsaspekten stehen, wie dies bei Erwachsenen eher der Fall sein dürfte. Die hier referierten Werte stützen somit die in der Fachliteratur diskutierte Einstellungs-Verhaltens-Inkonsistenz (vgl. Langeheine & Lehmann 1986) auch für Kinder im Grundschulalter.

Zusammenfassend läßt sich also sagen, daß bei Grundschülern durchaus ein signifikanter Zusammenhang zwischen umweltrelevantem Wissen und umweltorientierten Handlungsweisen besteht, ferner ein schwach signifikanter Zusammenhang zwischen umweltrelevanten Einstellungen und umweltbewußtem Handeln, jedoch kein signifikanter Zusammenhang zwischen der Wissens- und der Einstellungsdimension.

8. Zusammenfassung und Bewertung der Untersuchungsergebnisse

In diesem Kapitel werden die Befunde der vorliegenden empirischen Untersuchung zusammenfassend dargestellt und bewertet. Um eine bessere Einordnung zu ermöglichen, wird zuvor in Abschnitt 8.1. ein kurzer Rückblick auf Ausgangslage, Ziel, Methode und Durchführung der Untersuchung gegeben. Zentrale Untersuchungsbefunde und ihre Interpretation werden im Abschnitt 8.2. behandelt. Als Abschluß der Arbeit befaßt sich Abschnitt 8.3. mit Konsequemzen für weitere empirische Forschung.

8.1. Rückblick auf Ausgangslage, Ziel, Methode und Durchführung der Untersuchung

In der Einleitung zu der vorliegenden Untersuchung wurde dargelegt, daß die „Zukunftsaufgabe Umwelterziehung“ in den letzten 20 Jahren zu einem der zentralen Bildungsinhalte aller Schulformen und -stufen unseres Bildungssystems avancierte. Aufgrund spezifischer struktureller Gegebenheiten und Traditionen konnte sich dieser Lernbereich insbesondere in der Primarstufe bereits frühzeitig etablieren. Dieses Faktum wird durch einige empirische Studien zur Praxis der Umwelterziehung in der Grundschule hinreichend belegt (Eulefeld et al. 1988; Hellberg-Rode 1992; Stipproweit et al. 1992). Gleichwohl liegen bisher auch auf internationaler Ebene nur wenige empirische Studien vor, in denen zum Teil widersprüchliche Aussagen über Struktur, Genese sowie möglicherweise bedeutsame Determinanten des kindlichen Umweltbewußtseins enthalten sind. Aufgrund einer Durchsicht der gegenwärtig vorliegenden Erkenntnisse zu diesem Forschungsbereich wurden daher im Rahmen der vorliegenden Arbeit drei zentral bedeutsam erscheinende Zielebenen bzw. Fragestellungen formuliert:

1) Welchen Einfluß hat die gegenwärtig praktizierte schulische Umwelterziehung auf das Umweltbewußtsein von Grundschülern?

2) Welche Bedeutung haben außerschulische Faktoren wie Alter, Geschlecht, Wohnort, und Bildungssituation des Elternhauses für die Entwicklung des kindlichen Umweltbewußtseins?

3) Welchen Stellenwert haben umweltrelevante Aspekte des Freizeit- und Medienverhaltens im Umweltbewußtsein von Grundschülern.

Zu der erstgenannten Fragestellung wurden Hypothesen formuliert, die in der zweiten Frage genannten Faktoren wurden als Kontrollvariablen in die Untersuchung einbezogen, und die in der dritten Frage genannten Aspekte haben im Rahmen der vorliegenden Untersuchung eine hypothesengenerierende Funktion für weiterführende Studien.

Eine Analyse der vorliegenden Erkenntnisse zu dem hier relevanten Forschungsbereich ergab, daß bei der Konzeption und Durchführung einer Studie, die die o.g. Fragestellungen zum Inhalt hat, vorrangig die folgenden zentralen Gesichtspunkte zu berücksichtigen waren: Zunächst mußte ein theoretisches Modell entwickelt werden, das die altersgemäßen Dimensionen des kindlichen Umweltbewußtseins beinhaltete, die dann als abhängige Variablen definiert werden konnten. Des weiteren war es erforderlich, bedeutsam erscheinende unabhängige Kontrollvariablen in der Versuchsplanung zu berücksichtigen, um deren Einfluß auf die abhängigen Variablen im Zusammenhang mit der Hypothesenprüfung systematisch zu prüfen. Letztlich sollte der Einfluß schulischer Umwelterziehung nicht im Rahmen eines Experimentes, sondern möglichst „ökologisch valide“, d.h. wirklichkeitsnah, überprüft werden.

Unter Berücksichtigung dieser drei Aspekte wurde eine „quasi-experimentelle“ empirische Studie konzipiert, die die Wirksamkeit schulischer Umwelterziehung auf drei Dimensionen des Umweltbewußtseins (Wissen, Einstellungen, Handeln) „ex post facto“ untersuchte. Aus einer Gesamtstichprobe von 1224 mit einem standardisierten Fragebogen befragten Grundschülern aus insgesamt 68 3. und 4. Klassen in Niedersachsen wurde zu diesem Zweck eine geschichtete Stichprobe von n = 480 gezogen, die folgende fünf unabhängige Variablen gleichgewichtig repräsentierte: 1)Klassenstufe, 2) Geschlecht, 3) Wohnort (Stadt vs. Land), 4) Bildungssituation des Elternhauses und 5) Qualität und Umfang der schulischen Umwelterziehung. Die letztgenannte Variable wurde anhand einer gesonderten Befragung der 68 in den befragten Klassen unterrichtenden Lehrer zu ihren umweltbezogenen Unterrichtsaktivitäten im laufenden Schuljahr (1990/91) spezifiziert.

Bei der Auswertung der gewonnenen Daten wurden insbesondere varianz- und faktorenanalytische sowie korrelationsstatistische Verfahren eingesetzt.

8.2. Zentrale Untersuchungsbefunde

Im folgenden Abschnitt werden die Befunde zu den Untersuchungshypothesen zusammenfassend dargestellt. Darüber hinaus werden weitere, in diesem Zusammenhang für bedeutsam erachtete Ergebnisse der Schülerbefragung berücksichtigt. Die Ergebnisse der Lehrerbefragung wurden bereits diskutiert (vgl. Kap. 4.5.). Sie werden daher hier nicht wiederholt.

Vorrangiges Ziel der vorliegenden Untersuchung war die Prüfung der zentralen Hypothese, daß „gute“ schulische Umwelterziehung, die durch bestimmte Merkmale gekennzeichnet ist (vgl. Kap. 5), einen nachhaltig positiven Einfluß auf das Umweltbewußtsein von Grundschülern hat. Umweltbewußtsein wurde in diesem Sinne definiert als individuelle Disposition, die eine Wissens-, eine Einstellungs- und eine Handlungsdimension umfaßt.

Diese drei Dimensionen des Umweltbewußtseins wurden in sechs Teilaspekte untergliedert (vgl. Kap. 3.1.), diese wiederum im Schülerfragebogen jeweils durch einen Itemsatz operationalisiert. Zu jeder dieser sechs Skalen wurde eine entsprechende Hypothese formuliert. Eine faktorenanalytische Prüfung des dieser Arbeit zugrundeliegenden Konstruktes „Umweltbewußtsein“ ergab jedoch, daß sich anhand der erhobenen Daten nur vier Skalen bilden ließen (vgl. Kap. 6.5.). Im einzelnen waren dies zwei Wissens-Skalen (Handlungs-Wissen und Natur-Wissen), eine Einstellungsskala (wahrgenommene Ernsthaftigkeit) sowie eine Handlungsskala (umweltorientiertes Handeln). Der Effekt von qualitativ und quantitativ verschiedenartiger Umwelterziehung auf diese vier Dimensionen des Umweltbewußtseins von Grundschülern wurde geprüft.

Die in Kapitel 2 dieser Arbeit vorgestellten Ergebnisse der bisherigen empirischen Forschung zum Umweltbewußtsein von (Grund-)Schülern zeigten, daß demographische Variablen – trotz zum Teil widersprüchlicher Einzelbefunde – als Einflußfaktoren von Bedeutung sind und daher im Rahmen einer „Wirkungsstudie“ berücksichtigt werden müssen. Aus diesem Grunde wurden die Variablen Geschlecht, Klassenstufe, Wohnort (Stadt vs. Land) sowie Bildungssituation des Elternhauses als Kontrollvariablen in die Versuchsplanung einbezogen. Die multivariate Varianzanalyse erwies sich als geeignetes statistischen Verfahren zur Hypothesenprüfung.

In einem ersten Schritt wurde der Einfluß schulischer Umwelterziehung zunächst auf das umweltrelevante Wissen insgesamt, im Anschluß daran auf die Teilaspekte Handlungs- und Natur-Wissen getrennt überprüft. Hierbei zeigte sich, daß Umwelterziehung lediglich einen signifikanten Einfluß auf das Natur-Wissen der befragten Schüler hatte. Demnach kann die Hypothese 6 formal als bestätigt angesehen werden, die Hypothese 5 jedoch nicht. Allerdings ist bei der Interpretation der Ergebnisse folgende Einschränkung zu beachten: Bezieht man die signifikanten Interaktionen 1. Ordnung in die Diskussion der Ergebnisse mit ein, dann zeigt sich, daß schulische Umwelterziehung nur bei Schülern, die auf dem Land wohnen, einen nachweisbaren Einfluß auf das Natur-Wissen hatte, bei

Schülern in der Stadt zeigte sich dieser Effekt hingegen nicht. Eine mögliche Erklärung für diesen Befund ist, daß schulische Umwelterziehung in Grundschulen auf dem Lande – schon aufgrund der dortigen Gegebenheiten – vermutlich in stärkeren Umfange Aspekte des im Schülerfragebogen erhobenen Natur-Wissens (z.B. Formenkenntnis) berücksichtigt als in der Stadt. Diese Vermutung konnte durch eine nochmalige Durchsicht der Angaben der befragten Lehrer in der Tat bestätigt werden. Es zeigte sich nämlich, daß diejenigen Grundschulklassen im Test „Natur-Wissen" die besten Ergebnisse erzielten, in denen bei der Behandlung von Umweltthemen seitens des unterrichtenden Lehrers das Schwergewicht eindeutig auf natur- und heimatkundliche Arbeitsformen (Exkursionen, Naturbeobachtungen, Sammlung, Auswertung und Bestimmung von Naturobjekten) gelegt wurde und die Sensibilität für die Vielfalt, Eigenart und Schönheit der Natur als didaktische Leitlinie der Umwelterziehung vorherrschte. Somit kann in diesem Falle von einer partiellen Wirksamkeit schulischer Umwelterziehung ausgegangen werden.

In einem weiteren Schritt wurde der Einfluß schulischer Umwelterziehung auf die umweltbezogenen Einstellungen der befragten Schüler überprüft. Von den ursprünglich drei Teilaspekten dieser Dimension des Umweltbewußtseins konnte faktorenanalytisch jedoch nur die Skala „wahrgenommene Ernsthaftigkeit" bestätigt werden (vgl. Kap. 6.5.). Daher wurde in diesem Zusammenhang lediglich die Hypothese 2 geprüft. Die Varianzanalyse zeigte jedoch keinen signifikanten Einfluß schulischer Umwelterziehung auf die von den Befragten wahrgenommene Ernsthaftigkeit von Umweltproblemen. Daher muß Hypothese 2 zurückgewiesen werden.

Abschließend wurde der Einfluß schulischer Umwelterziehung auf das umweltorientierte Handeln der befragten Grundschüler überprüft. Auch hier zeigte sich kein signifikanter Zusammenhang. Daher muß Hypothese 4 ebenfalls zurückgewiesen werden.

Die hier vorgestellten zentralen Befunde entsprechen in einigen Punkten denen der methodisch anders angelegten Studie von Langeheine & Lehmann (1986), die hinsichtlich des Einflusses der Schule auf das Umweltbewußtsein ebenfalls zu dem Ergebnis kommt, daß „sich der ökologische Einfluß der formalen Bildungsinstitutionen auf die Herausbildung des ökologisch systematischen Wissens beschränkt" (S. 139). Ein unmittelbarer Vergleich der Ergebnisse der vorliegenden Studie mit denen der Untersuchung von Braun (1984), der nachweisen konnte, daß Elemente der Handlungserfahrung in der Schule zu vermehrtem ökologischen Wissen, positiveren Einstellungen und ökologischen Handlungsweisen führt, ist aufgrund des Alters der Befragten nicht ohne weiteres möglich. Die Ergebnisse dieser Studie belegen „lediglich" einen meßbaren Einfluß vorrangig naturkundlich orientierter Unterrichtsverfahren auf das Natur-Wissen von Kindern, die dörfliche Grundschulen besuchen, ein vergleichbarer Effekt bei Einstellungs- und Handlungsvariablen konnte hingegen nicht nachgewiesen werden.

Die im Rahmen der Studie berücksichtigten demographischen Kontrollvariablen erwiesen sich im Vergleich mit der schulischen Umwelterziehung als die bedeutsameren Einflußfaktoren. Auch hier korrespondieren einige zentrale Befunde mit denen der Studie von Langeheine & Lehmann. So zeigte sich in der vorliegenden Studie ebenfalls „der starke Einfluß des Ausbildungsniveaus auf das ökologische Wissen“ (S. 133). Offenbar wird das Wissen von Kindern über Natur und Umwelt in hohem Maße durch Anregungen seitens der Eltern bestimmt. Demgegenüber scheint die Wahrnehmung der Ernsthaftigkeit von Umweltproblemen relativ unabhängig vom Bildungsniveau des Elternhauses und die Sensibilität für Umweltprobleme offenbar in allen gesellschaftlichen Schichten in gleichem Maße ausgeprägt zu sein. Kinder aus Elternhäusern mit hohem Bildungsniveau handelten jedoch signifikant umweltbewußter. Dieser Effekt könnte jedoch darauf zurückzuführen sein, daß umweltbewußtes Verhalten (z.B. Recycling, Kaufverhalten) in hohem Maße von der materiellen Lebenssituation einer Familie abhängig ist, Kinder aus „bessergestellten“ Elternhäusern daher schon aus diesem Grunde vermehrt umweltorientiert handeln können (vgl. Diekmann & Preisendörfer 1992). Diese Vermutung läßt sich jedoch anhand der gewonnenen Daten nicht belegen. Die zusammenfassende Feststellung von Langeheine & Lehmann (1986), daß „die Familie einen wichtigen Beitrag zum Umweltbewußtsein leistet (und) ... besonders beim ökologischen Handeln (...) die Modelle bzw. die Möglichkeiten, die die Familien den Kindern und Jugendlichen anbieten, erhebliche Spuren im Erwachsenen hinterlassen“ (S. 145) kann aufgrund der Befunde dieser Studie, zumindest im Hinblick auf Wissens- und Handlungsaspekte also durchaus bestätigt werden.

Die Ergebnisse der vorliegenden Arbeit zeigen des weiteren, daß Mädchen bereits im Grundschulalter Umweltprobleme hochsignifikant ernsthafter wahrnehmen, mithin stärkere Affekte gegenüber der Umweltzerstörung zeigen als Jungen. Sie decken sich somit mit zahlreichen bereits vorliegenden Befunden zu dieser Fragestellung (Braun 1984; Aho et al. 1989, Szagun & Mesenholl 1991; Unterbruner 1991). Demgegenüber kann die Feststellung von Braun (1984), Mädchen handeln umweltbewußter als Jungen, anhand der Resultate dieser Studie nicht gestützt werden. Die Ergebnisse der Gesamtstichprobe zeigen ferner, daß Jungen über ein signifikant größeres umweltrelevantes Wissen verfügen als Mädchen. Dieses Ergebnis muß jedoch differenziert betrachtet werden. So zeigte sich, daß Jungen zwar insgesamt ein größeres Handlungswissen aufwiesen. Dieser Effekt resultierte jedoch ausschließlich aus dem deutlichen Wissensunterschied in den 3. Klassen. Für die 4. Klassen war kein signifikanter geschlechtsspezifischer Wissensunterschied mehr feststellbar. Dort wiesen die Jungen ein geringfügig größeres Handlungs-Wissen auf, die Mädchen hingegen ein etwas größeres Natur-Wissen. Zu gleichen Ergebnissen kam die Untersuchung von Scherf & Bienengräber (1988). Eine mögliche Ursache der Diskrepanz zwischen den hier vorgestellten Ergebnissen und denen aus Jugendlichen- und Erwachsenenbefragungen (Braun 1984; Langeheine & Lehmann 1986) könnte darin zu sehen sein, daß die Behandlung von Umweltthemen auf höheren Schulstufen (Sek. I und II) gegenwärtig zwar in einem breiten inhaltlichen Spektrum in zahlreichen nicht- naturwissenschaftlichen Unterrichtsfächern angesiedelt ist (vgl. Bolscho 1993), sie in ihren traditionellen Kernfächern Chemie, Physik und – mit gewissen Einschränkungen – Biologie jedoch immer noch überwiegend naturwissenschaftlich-technisch orientiert erfolgt und Jungen daher eher motiviert als Mädchen. Diese profitieren daher nach Abschluß der Primarstufe auf den weiterführenden Schulen hinsichtlich des Wissens möglicherweise in geringerem Umfange von der Behandlung von Umweltthemen als Jungen. Das hieße allerdings, daß die Schule durch die Auswahl von Inhalten und Unterrichtsverfahren derartige Unterschiede zwischen Jungen und Mädchen selbst erzeugt, ein Vorwurf, der im Zusammenhang mit der Diskussion über die Vor- und Nachteile des koedukativen Unterrichts in den naturwissenschaftlichen Fächern durchaus ernstzunehmen ist und zu entsprechender Forschung motivieren sollte.

Landkinder verfügen über ein hochsignifikant größeres Natur-Wissen und ein signifikant größeres Handlungwissen als Kinder, die in der Stadt leben. Dieses Ergebnis stützt die bereits von Eschenhagen (1982) im Zusammenhang mit einer „Untersuchung zur Tierkenntnis von Schülern“ geäußerte Vermutung, daß die natürliche Vielfalt des unmittelbaren Lebensumfeldes zu einem größeren Wissen über die Natur, im Falle der vorliegenden Studie über Tiere und ihre Lebensräume führt. Demgegenüber sind Stadtkinder hochsignifkant problembewußter als Landkinder, sie nehmen Umweltprobleme in ihrem Lebensumfeld also ernsthafter wahr. Dies ist jedoch nicht weiter verwunderlich, da die im Schülerfragebogen genannten Umweltprobleme (Autoabgase, Gifte in der Umwelt, Überbauung der natürlichen Umwelt) für Stadtkinder objektiv gegenwärtiger sein dürften als für Kinder, die in kleinen Landgemeinden aufwachsen. Hinsichtlich des umweltorientierten Handelns ließ sich kein signifikanter Unterschied zwischen Stadt und Land feststellen.

Nun wäre es sicherlich voreilig, aufgrund der Ergebnisse dieser Studie auf eine weitgehende Wirkungslosigkeit schulischer Umwelterziehung im allgemeinen zu schließen. Bei einer Bewertung der vorliegenden Ergebnisse sind einige einschränkende Aspekte zu berücksichtigen, die im folgenden diskutiert werden sollen.

Ziel der vorliegenden Untersuchung war, aufgrund des Vergleiches von Klassen, in denen Umweltthemen qualitativ und quantitativ unterschiedlich intensiv behandelt worden waren, Unterschiede bezüglich des Wissens, der Einstellungen und der Verhaltensweisen der Schüler zu ermitteln. Es wurden insgesamt drei Kriterien zu Beurteilung des Umweltunterrichts herangezogen (vgl. Kap. 5), und diese erlaubten eine hinreichende Klassifizierung des Unterrichts der befragten Lehrer. Nun ist allerdings fraglich, ob eine derartige Reduktion der differenzierten und vielschichtigen Lehr- und Lernprozesse, wie sie für die Umwelterziehung kennzeichnend und maßgeblich sind, zwar – auch im Vergleich mit früheren Untersuchungen – zu plausiblen Ergebnissen führt, gleichwohl das im eigentlichen Sinne Wesentliche eines Unterrichts, dessen Bildungsziele weit über eine bloße Wissensvermittlung hinausgehen und auf eine umfassende „Bildung" der Persönlichkeit abzielen, nur sehr unzureichend abzubilden vermag. In diesem Zusammenhang ist insbesondere auf die Lehrerpersönlichkeit und den Lehrstil hinzuweisen, deren Bedeutsamkeit Fenessy et al. (1984) für vergleichbare Altersgruppen und Howell & Warmbrod (1984) für ältere Schüler nachweisen konnten. Es ist daher anzunehmen, daß der Unterrichtsstil des Lehrers, seine Vorbildfunktion und Glaubwürdigkeit insbesondere für solche Lernprozesse, die über die Vermittlung von Wissen hinausgehen, von zentraler Bedeutung gerade für Einstellungs- und Handlungsveränderungen sind. Derartige Prozesse konnten jedoch mit den dieser Untersuchung zugrundeliegenden Beurteilungskriterien des Umweltunterrichts nicht erfaßt werden. Es ist allerdings fraglich, ob Auswirkungen von Mikroprozessen des Unterrichtsgeschehens auf die Dimensionen des Umweltbewußtseins mit Verfahren der empirischen Sozialforschung überhaupt angemessen und valide zu erfassen sind. Hierzu liegen bisher keine Forschungsansätze vor.

Abgesehen von der berechtigten Kritik an der Auswahl der Beurteilungskriterien des Umweltunterrichts ist noch darauf hinzuweisen, daß die befragten Grundschüler der 3. und 4. Klassen zum Zeitpunkt der Befragung in der Schule erst in relativ geringem Umfange mit Umweltthemen konfrontiert worden waren, da Umweltthemen schwerpunktmäßig ab dem 3. Schuljahr im Sachunterricht vorgesehen sind. Die befragten Schüler der 3. Klassen, die ja die Hälfte der Gesamtstichprobe ausmachten, hatten also erst ein knappes Schuljahr lang mehr oder minder effektvollen Umweltunterricht erfahren. Eine derart kurze Zeitspanne reicht keinesfalls aus, um stabile positive Veränderungen des Umweltbewußtseins herbeizuführen. Diese darf man sicherlich erst als Ergebnis kontinuierlicher und langfristiger Bemühungen der unterrichtenden Lehrerinnen und Lehrer erwarten. Auch aus diesem Grunde sind die Ergebnisse also kritisch zu beurteilen. Andererseits wäre eine vergleichbare Studie auf höheren Schulstufen aufgrund der differenzierten Fächerstruktur und der damit einhergehenden Beteiligung mehrerer Lehrkräfte an der Behandlung von Umweltthemen in einem vergleichbaren Rahmen mit den zur Verfügung stehenden zeitlichen und materiellen Ressourcen kaum durchführbar gewesen.

Letztlich sei noch darauf hingewiesen, daß auch die Erfassung der Kontrollvariablen gewissen Beschränkungen unterworfen war. So konnte die offensichtlich außerordentlich bedeutsame „Bildungssituation des Elternhauses" aufgrund datenschutzrechtlicher Beschränkungen nur anhand sozialgeographischer Kriterien (Einzugsgebiet der Schule) sowie der Einschätzung der unterrichtenden Lehrer erfaßt werden. Hier ist sicherlich ein gewisser Verzerrungseffekt in Rechnung zu stellen. Ferner ist zu berücksichtigen, daß die Befragung der Stadtkinder in Göttingen erfolgte, einem Ort, der zwar aufgrund der Einwohnerzahl formal als Großstadt gilt, von seiner Siedlungsstruktur her jedoch kaum als Großstadt im eigentlichen Sinne zu bezeichnen ist, wie z.B. vollständig urbanisierte Stadtteile von Hamburg, Frankfurt oder Berlin. Da die Durchführung und das Gelingen dieser Untersuchung jedoch in hohem Maße von einer hohen Rücklaufquote und dem Mitwirken der teilnehmenden Lehrerinnen und Lehrer abhängig war, die Befragung von ihrer Konzeption her zudem nicht anonym, also durch Versendung der Fragebögen durchgeführt werden konnte, sondern in allen Klassen vom Verfasser selbst vorgenommen wurde, mußten diese Einschränkungen in Kauf genommen werden. Vermutlich hätte eine Studie, bei der die genannten unabhängigen Variablen strenger kontrollierbar und der Unterschied der entsprechenden Merkmale bei den Vergleichsgruppen daher extremer ausgeprägt gewesen wäre, zu deutlicheren, in der Tendenz jedoch gleichen Ergebnissen geführt. Dies war jedoch im vorliegenden Falle aus den genannten Gründen nicht möglich. Ein Extremgruppenvergleich war auch nicht beabsichtigt, da dessen Ergebnisse die Bedeutung der unabhängigen Variablen eher überschätzen (Bortz 1984, S. 408) und er somit nur sehr eingeschränkt verallgemeinerbare Aussagen über die gegenwärtige Situation der Umwelterziehung in der Primarstufe in ihrer gesamten Komplexität zuließe.

Trotz der genannten Kritikpunkte decken sich die Ergebnisse sowohl im Hinblick auf die Wirksamkeit schulischer Umwelterziehung als auch, was den Einfluß demographischer Variablen anbelangt, weitgehend mit bisher vorliegenden Befunden der empirischen Sozialforschung zu diesem Forschungsbereich. Dies spricht – trotz aller Einschränkungen – für die Tauglichkeit des methodischen Ansatzes und der angewendeten Verfahren zur Untersuchung der zentralen Fragestellungen dieser Studie.

Abschließend soll nun der Versuch unternommen werden, die verschiedenartiegn Befunde der vorliegenden Studie zum Umweltbewußtsein von Grundschülern zu einem Gesamtbild zusammenzufügen.

Die befragten Schüler im Alter von 9 bis 11 Jahren verfügten über ein „solides Halbwissen" zu verschiedenen, in der Befragung angesprochenen Umweltbereichen. Im Durchschnitt konnten sie etwas mehr als die Hälfte aller Wissensfragen richtig beantworten. Diese Ergebnis deckt sich weitgehend mit den bisher vorliegenden Ergebnissen empirischer Studien zum Umweltwissen von Kindern, Jugendlichen und Erwachsenen (vgl. Kap. 2.2.1.). Der Kenntnisstand zum Themenkreis „Müll und Recycling" war in dieser Altersgruppe, verglichen mit den anderen Wissensbereichen, überdurchschnittlich ausgeprägt. Dieses erfreuliche Ergebnis dürfte zum Teil auf die entsprechenden Bemühungen bei der unterrichtlichen Behandlung der Abfallproblematik und entsprechende unterrichtsbegleitende Aktivitäten (Mülltrennung im Klassenzimmer) zurückzuführen sein. Deutlich schlechtere Ergebnisse erzielten die Schüler hingegen bei komplexerem ökologischem Wissen. Fragen nach der Beurteilen menschlicher Eingriffe in das Ökosystem „Garten" konnten nur zu einem geringen Teil richtig beantwortet werden. Offenbar ist das umweltrelevante Wissen von Grundschülern in erster Linie faktisch-phänomenologisch orientiert. Diese Tatsache dürfte im wesentlichen alters- und entwicklungsbedingt sein. Die Ergebnisse der Lehrerbefragung zeigten allerdings, daß sich Umwelterziehung in der Grundschule ganz überwiegend auf dieser faktisch-phänomenologischen Ebene vollzieht (vgl. Eulefeld et al. 1988, S. 128ff.). Ein möglicher Zusammenhang wäre zu diskutieren.

Neben dem umweltrelevanten Wissen wurden die umweltbezogenen Einstellungen von Grundschülern untersucht. Auch hier zeigte sich, daß angesichts der in den Fragen genannten Umweltprobleme durchschnittlich 48%, also wiederum etwa die Hälfte aller Befragten ein Gefühl der persönlichen Betroffenheit dokumentierte und die genannten Probleme von 55% aller Grundschüler im persönlichen Lebensumfeld als existent wahrgenommen wurden. Bemerkenswert war in diesem Zusammenhang insbesondere die Diskrepanz bei den Schülerantworten zu diesen beiden Einstellungsvariablen. Während bei der Frage nach der wahrgenommenen Ernsthaftigkeit in erster Linie diejenigen Umweltprobleme genannt wurden, die auch für Kinder unmittelbar sinnlich erfahrbar sind (z.B. Autoabgase, giftige Stoffe in der Umwelt, d.h. Müll), erzeugten vorrangig dem Einzelnen in der Regel fernerstehende Umweltprobleme, die häufig in den Medien genannt und auf breiter gesellschaftlicher Ebene diskutiert werden (z.B. Saurer Regen), bei den Schülern ein Gefühl der persönlichen Betroffenheit (vgl. Bolscho 1989, S. 7). Anders ausgedrückt: Ein Umweltproblem, das im persönlichen Lebensumfeld als existent wahrgenommen wird, erweckt bei Kindern nicht unbedingt auch ein Gefühl der Betroffenheit. Ein vergleichbarer Effekt ist in Zusammenhang mit dem umweltrelevanten Wissen bereits in mehreren Studien nachgewiesen worden (vgl. Towler & Swan 1972; Braun 1984; Arcury & Johnson 1987).

Im Rahmen der umweltbezogenen Einstellungen wurde des weiteren nach der Verantwortlichkeit für die Lösung von Umweltproblemen gefragt. Hier zeigte sich, daß die befragten Grundschüler diese Verantwortlichkeit in ganz überwiegendem Maße bei extrapersonalen Instanzen lokalisierten (Umweltschutzvereine, Regierung/Politiker) und ihre eigene, intrapersonale Verantwortlichkeit nur sehr gering ausgeprägt war. Kinder dieses Alters sind demnach ganz überwiegend der Meinung, daß sie selbst – und interessanterweise auch ihre Eltern – nur in sehr geringem Maße zur Lösung von Umweltproblemen beitragen können. Diese Einschätzung der Lage ist einerseits sicherlich realistisch, in Anbetracht der diesbezüglichen Zielsetzungen der schulischen Umwelterziehung jedoch wenig ermutigend, stellt sich doch die Frage, wie Kinder für umweltbewußtes Handeln motiviert werden sollen, wenn ihnen das Vertrauen in die Wirksamkeit des eigenen Tuns weitgehend fehlt.

In einem letzten Schritt wurde das umweltorientierte Handeln der Schüler untersucht. Hier stellte sich das Problem, geeignete Indikatoren für diese Dimension des Umweltbewußtseins zu ermitteln. Eine Faktorenanalyse der entsprechenden Items ergab, daß umweltbewußtes Handeln von Grundschülern durch sehr heterogene Verhaltensweisen gekennzeichnet war, die keine eindeutige Struktur erkennen ließen. Dieses Ergebnis dürfte zum einen nicht unwesentlich auf die in der Tat sehr begrenzten Handlungsmöglichkeiten von Kindern dieser Altersstufe zurückzuführen sein. Ferner ist in diesem Zusammenhang auf die Ergebnisse der bereits genannten Studie von Diekmann & Preisendörfer (1992) hinzuweisen, nach der das umweltorientierte Handeln von Menschen stark von der individuellen Lebenssituation abhängig ist. Dies dürfte in besonderem Maße auch auf die Zielgruppe dieser Befragung zutreffen, da hier noch der – vermutlich ausschlaggebende – Einfluß des Elternhauses zu berücksichtigen ist. Ein Blick auf die quantitative Analyse der Daten zum umweltorientierten Handeln (Abb. 6.5.4.1.) zeigt jedoch, daß der Anteil der Schüler, der – auch hier wieder vorrangig im Bereich Müll, Müllvermeidung und Recycling – umweltbewußt handelte, insgesamt erstaunlich hoch war. Durchschnittlich etwa 60% aller Schüler gaben an, die diesbezüglich im Fragebogen genannten Verhaltensweisen überwiegend zu praktizieren. Zusammenfassend läßt sich also sagen, daß Grundschüler, gemessen an ihren Möglichkeiten, in einzelnen Bereichen in einem durchaus befriedigenden Ausmaß umweltbewußt handeln, dieses Handeln insgesamt jedoch noch inkonsistet und offenbar nicht von der Einsicht in die Sinnhaftigkeit verschiedenartiger umweltbewußter Handlungsweisen mit der gleichen Zielsetzung (z.B. unterschiedliche Formen der Müllvermeidung) gekennzeichnet ist.

Ein Blick auf die interkorrelativen Beziehungen der hier diskutierten Variablen des Umweltbewußtseins (Abb. 7.5.1.) liefert möglicherweise einige weitere Erklärungsansätze für die Struktur des kindlichen Umweltbewußtseins. Bemerkenswert ist zunächst die vergleichsweise hohe Korrelation von r = .21 zwischen Wissen und Handeln, wobei ein relativ großes Maß an Handlungs-Wissen deutlich stärker mit umweltbewußtem Handeln einhergeht (r = .25) als ein großes Maß an Natur-Wissen (r = .11). Demgegenüber ist der Zusammenhang von umweltbezogenen Einstellungen und umweltorientiertem Handeln mit r = .11 vergleichsweise gering. Dieser Befund bestätigt somit die bereits von Langeheine & Lehmann (1986) im Rahmen ihrer retrospektiven Erwachsenenbefragung getroffene Feststellung einer Einstellungs-Verhaltens-Inkonsistenz auch für Kinder im Grundschulalter. Noch schwächer ausgeprägt ist bei Kindern offenbar der Zusammenhang von Wissen und Einstellungen (r = .06). Zusammenfassend läßt sich also sagen, daß bei Grundschülern ein hohes Maß an umweltrelevantem Wissen nicht unmittelbar zu positiven Einstellungsveränderungen führt, es allerdings als Prädiktor für umweltorientiertes Handeln von weitaus größerer Bedeutung ist als die umweltbezogenen Einstellungen. Es sei jedoch kritisch angemerkt, daß im Rahmen der vorliegenden Studie möglicherweise nicht die für das Verhalten von Grundschülern relevanten Einstellungsprädiktoren erfaßt wurden (vgl. Langeheine & Lehmann 1986, S. 59).

Abgesehen von den bereits diskutierten Variablen des Umweltbewußtseins wurden im Rahmen dieser Studie umweltrelevante Aspekte des Freizeit- und Medienverhaltens untersucht und mittels einer Faktorenanalyse systematisiert. Es zeigte sich, daß sich die Befragten hinsichtlich ihrer Neigungen und Gewohnheiten in zwei deutlich kontrastierende Gruppen einteilen ließen: einerseits Kinder mit einer stark ausgeprägten positiven Neigung zur natürlichen Umwelt, die sich in etwa als „Natur- und Tierfreund" charakterisieren lassen, und andererseits Kinder, die vorrangig naturferne Aktivitäten, denen eine gewissen Faszination der Technik bzw. Realitätsferne gemeinsam ist, bevorzugen. Ähnliche Ergebnisse finden sich in bereits in anderen empirischen Studien (vgl. Bunting & Cousins 1985; 1987). Beide Dispositionen sind durch Präferenzen bei der Freizeitgestaltung sowie der Mediennutzung gekennzeichnet, wobei die im Rahmen der vorliegenden Studie genannten Freizeitaktivitäten und Lesegewohnheiten einen deutlich höheren Indikatorwert für diese Dispositionen aufwiesen als das Fernsehverhalten.

8.3. Konsequenzen für weitere empirische Forschung

Die Ausführungen im vorigen Kapitel diskutieren in erster Linie den Einfluß schulischer Umwelterziehung auf das Umweltbewußtsein von Grundschülern. Darüber hinaus liefern sie einige Erkenntnisse zu Struktur und Determinanten des kindlichen Umweltbewußtseins. Da bisher zumindest im deutschsprachigen Raum für die Primarstufe keine derart breit angelegte empirische Studie mit vergleichbarer Intention und Fragestellung vorlag, wurde inhaltlich, methodisch und konzeptionell weitgehend Neuland beschritten. Diese Studie hat also vorrangig explorativen Charakter. Sie bietet daher einige Ansatzpunkte für weitere empirische Studien zur Wirksamkeit schulischer Umwelterziehung und zum Umweltbewußtsein von Grundschülern, die im folgenden skizziert werden sollen.

Auf der Ebene der „Wirkungsforschung“ schulischer Umwelterziehung wäre es sinnvoll, in Untersuchungen mit vergleichbarem Design die Bewertungskriterien für die Qualität schulischer Umwelterziehung auf der Basis eines konsistenten theoretischen Modells stärker zu differenzieren. Hierfür dürfte sich insbesondere das im Rahmen der beiden IPN-Studien zur „Praxis der Umwelterziehung in der Bundesrepublik Deutschland“ entwickelte und an der schulischen Praxis orientierte Konzept der „Behandlungstypen von Umwelterziehung“ eignen (vgl. Eulefeld et al. 1988; Bolscho 1993). Wünschenswert wäre in diesem Zusammenhang ferner ein Forschungsansatz, der sich verstärkt den Mikro-Prozessen des Unterrichtsgeschehens im Umweltunterricht zuwendet und mit geeigneten Verfahren die Bedeutsamkeit und die Auswirkungen von unterschiedlichen Formen der auf dieser Altersstufe vermutlich eminent bedeutsamen Schüler-Lehrer-Interaktion untersucht.

Es dürfte als empirisch gesichert angesehen werden, daß die Ausgestaltung des Umweltunterrichts in entscheidendem Maße von den persönlichen Einstellungen, Werthaltungen und Deutungsmustern des unterrichtenden Lehrers abhängt (vgl. Eulefeld et al. 1988; Bolscho 1993, S. 13ff.). Im Rahmen der vorliegenden Studie wurden zwei vorherrschende Orientierungen gefunden: einerseits „graue“, andererseits „grüne“ Umwelterziehung (vgl. Kap. 4.4.2.). Im Rahmen der Forschung zur Wirksamkeit schulischer Umwelterziehung wäre es durchaus von Interesse zu ermitteln, ob verschiedenartige didaktische Konzeptionen bzw. deren unterrichtliche Umsetzung zu unterschiedlichen „Lernerfolgen“ bei Schülern führen und auf welcher Ebene des kindlichen Umweltbewußtseins diese dann angesiedelt sind.

Von den Befunden dieser Arbeit zum Umweltbewußtsein von Grundschülern sind insbesondere die Ergebnisse zum Einstellungs-Bereich noch sehr unbefriedigend. Die Adaption von Forschungsansätzen aus Jugendlichen- und Erwachsenenbefragungen erwiesen sich hier nur als begrenzt tauglich. Es stellt sich daher die grundsätzliche Frage, ob die Einstellungen von Kindern zu Umweltproblemen, die offenbar in hohem Maße affektbeladen und auf der Gefühlsebene angesiedelt sind, mit den hier angewendeten, „harten" Methoden der empirischen Sozialforschung überhaupt angemessen zu erfassen sind, oder ob die u.a. von Szagun & Mesenholl (1991) und Unterbruner (1989; 1991) entwickelten Forschungsansätze, bei denen qualitative und quantitative Verfahren kombiniert und die affektiv-emotionalen Einstellungsvariablen des Umweltbewußtseins untersucht wurden, eine zutreffendere Beschreibung des kindlichen Umweltbewußtseins liefern können.

Auch auf der Handlungsebene sind die Ergebnisse der vorliegenden Untersuchung noch unbefriedigend. Sie geben zwar einen ersten, deskriptiven Überblick über Art und Umfang der von Kindern gegenwärtig praktizierten umweltorientierten Verhaltensweisen, liefern jedoch nur in geringem Maße gültige Aussagen zur Erklärung umweltbewußten Handelns und zu dessen Stellenwert im Konzept des kindlichen Umweltbewußtsein. Hier wäre es sinnvoll, an die Erkenntnisse der Attributionsforschung anzuknüpfen und die Frage nach den internalen vs. externalen „Kontrollüberzeugungen" (Rotter et al. 1972) als Grundlage umweltbewußten Handelns stärker zu akzentuieren (vgl. Karmann & Seidensticker 1979; Nowicki & Strickland 1973, Langeheine & Lehmann 1986, S. 25f.).

Auf der Wissensebene wurde in der vorliegenden Studie ein relativ breites Spektrum verschiedener Aspekte des Handlungs- und Natur-Wissens erfaßt. Die Unterscheidung in Faktenwissen einerseits und komplexeres ökologisches Wissen andererseits erwies sich jedoch in der hier angewendeten Form als wenig ergiebig. Im Rahmen weiterer Untersuchungen wäre es daher sinnvoll, tauglichere, altersgerechte Instrumente für die Erhebung komplexerer Wissenszusammenhänge zu entwickeln. In diesem Zusammenhang erscheint es ferner bedeutsam, den Bereich des auf konkrete Lebenszusammenhänge bezogenen „Handlungswissens" intensiver zu erforschen, da es kaum sinnvoll erscheint, weiterhin vorrangig „enzyklopädisches" Wissen über solche Umweltbereiche zu erfragen, die in der Lebenswirklichkeit heutiger Kinder keine Rolle spielen. Es wäre daher sinnvoll und notwendig, weitergehend zu analysieren, welches Wissen für Kinder aufgrund ihrer spezifischen Lebenssituation bedeutsam sein könnte.

Die bisherigen Ausführungen machen deutlich, daß insbesondere hinsichtlich des Struktur des kindlichen Umweltbewußtseins sowie der Interdependenz von Wissens-, Einstellungs- und Handlungsaspekten auf dieser Altersstufe noch ein erheblicher Forschungsbedarf besteht. Folgende zwei Ebenen sind hier vorrangig zu nennen: Zum einen ist es bedeutsam, die bisherigen Erkenntnisse der Entwicklungspsychologie zu Fragen des Umweltbewußtseins von Kindern (vgl.

Dollase 1991) sowie – im Zusammenhang mit Einstellungsvariablen – die Theorie der moralische Entwicklung von Kohlberg (1971) stärker als bisher bei der Konzeption derartiger Studien zu berücksichtigen, da die empirische Forschung zum Umweltbewußtsein von Kindern – einschließlich der vorliegenden Untersuchung – diesbezüglich bisher noch erhebliche Theoriedefizite aufweist. Zum anderen muß an der Entwicklung und Evaluation altersgemäßer Erhebungsverfahren weitergearbeitet werden. Dabei sollte die Entscheidung, ob qualitative oder quantitative Erhebungsverfahren geeigneter sind, in erster Linie von Fragestellung und Konzeption der jeweiligen Untersuchung abhängig gemacht werden (vgl. Bolscho 1993).

Abschließend sei noch ein letzter Ansatzpunkt für weitere empirische Studien genannt. Umweltrelevante Aspekte des Freizeit- und Medienverhaltens wurden im Rahmen der vorliegenden Studie eher am Rande untersucht. Eine Faktorenanalyse der entsprechenden Items zeigte, daß sich die befragten Grundschüler hinsichtlich ihrer Neigungen und Aktivitäten realtiv deutlich den zwei bereits ausführlich beschriebenen Typen des „Natur- und Tierfreundes“ einerseits und des „naturfernen Kindes“ andererseits zuordnen ließen. Diese Erkenntnis sollte aufgegriffen werden. Von Interesse wäre in diesem Zusammenhang, zu untersuchen, welche außerschulischen Einflußfaktoren zu diesen Orientierungsmustern führen und wie diese beiden „Typen“ verschiedenartige Angebote schulischer Umwelterziehung rezipieren. Die letzte Fragestellung dürfte insbesondere für die Praxis der schulischen Umwelterziehung relevant sein, implizieren die Befunde doch, daß der unterrichtende Lehrer bei seiner Unterrichtsgestaltung von sehr unterschiedlichen, zum Teil sogar gegensätzliche Interessenlagen seiner Schüler auszugehen hat. Holtappels (1991) führt in anderen Zusammenhang hierzu aus:

> „Insbesondere eine heterogene Schülerschaft verlangt nach differenzierten Lerninhalten, -materialen und -wegen. In der Schule hat es sich als fast ausweglos herausgestellt, eine ganze Schulklasse auf ein Thema am gleichen Ort und zur gleichen Zeit mit den gleichen Lernmitteln und -methoden zu verpflichten“ (S. 7).

Es erscheint daher nowendig, im Rahmen der empirischen Forschung zur Umwelterziehung verstärkt die Interessen, Motivationen, Neigungen und Bedürfnisse der Schüler, kurz, ihre diesbezüglichen Lernvoraussetzungen zu untersuchen, um an der Lebenswirklichkeit der Schüler orientierte Erkenntnisse, Anregungen und Hilfen für die Konzeption, Planung und Gestaltung der Umwelterziehung in den Grundschulen zu liefern.

Anmerkungen

[1] Eine analoge Unterteilung der Wissensdimension in konzeptionelles und faktisches Wissen findet sich gleichfalls z.B. in den Arbeiten von Burrus-Bammel (1978), Hart (1978) und Perkes (1973)

[2] Voelker & Horvat (1976) definieren diese als „those responses persons make to both general and specific aspects of their environment reflecting cognitive and affective inputs and their interactions“ (S. 353)

[3] Bisher liegen die Ergebnisse einer nach Alter, Geschlecht und Wohnort (Stadt vs. Land) geschichteten Stichprobe von 1109 Kindern im Alter von 9 bis 16 Jahren aus Kanada vor.

[4] Die amtliche deutsche Statistik zieht zur Abgrenzung der „Stadt“ gegen die „ländlichen Siedlungen“ das Kriterium der „Gemeindegröße“ heran. Gleichzeitig wird die Einwohnerzahl zur Untergliederung der Siedlungen in „Gemeindegrößenklassen“ verwendet. Hiernach gelten Gemeinden mit bis zu 2000 Einwohnern als „Landgemeinden“. (vgl. Boustedt 1975)

[5] Der Begriff „soziale Schicht“ wird hier nicht im Sinne des in der Soziologie gebräuchlichen Schichtenmodells verwendet, sondern als Unterscheidungsmerkmal für unterschiedliche Bildungssituationen der Elternhäuser der befragten Grundschüler. Klassen mit einem Akademikeranteil von über 50% wurden der Kategorie „soziale Schicht hoch“ zugeordnet.

[6] Für die in diesem Kapitel berechneten Korrelationsmatrizen werden bei einem Stichprobenumfang von $n = 68$ Korrelationswerte $> r = .30$ mit einer angenommenen Irrtumswahrscheinlichkeit (alpha) von 1% als signifikant bewertet (vgl. Clauß & Ebner 1989, S. 492).

[7] Für die in diesem Kapitel berechneten Korrrelationen werden bei einem Stichprobenumfang von $n = 480$ Korrelationen $> r = .11$ mit einer angenommenen Irrtumswahrscheinlichkeit (alpha) von 1% als signifikant bewertet (vgl. Clauß & Ebner 1989, S. 492).

[8] Bei einer z-Transformation werden die Abweichungen der ursprünglichen Werte von ihrem Mittelwert durch ihre Standardabweichung dividiert. z-transformierte Variablen haben einen Mittelwert von 0 und ein Streuung von 1 (vgl. Bortz 1984).

[9] Mit der Varianzanalyse wurden lediglich Interaktionen 1. Ordnung berechnet, da Interaktionen höherer Ordnung aufgrund der hohen Zahl der unabhängigen Variablen kaum noch sinnvoll zu interpretieren wären.

9. Literaturverzeichnis

Abram, R.; Rosinger, G.: Behavioral science application in environmental quality. In: The Journal of Environmental Education, 1972, 4/1, 1–6.

Aho, L.: Man and Nature: Cognitive and Emotional Elements in the Views of Twelve-Year-Old Schoolchildren. In: Scandinavian Journal of Educational Research, 1984, 28, 169–186.

Aho, L.; Permikangas, T.; Lyyra, S.: Finnish Primary Schoolchildren's Preferences in Environmental Problem Solving. In: Science Education, 1989, 5, 635–42.

Airey, V.: Environmental education in an urban setting. In: Danish ICOM/CECA (Intern. Council of Museums/ Committee of Education and Cultural Action) (Eds.): Museums and Education. Copenhagen 1982, 33–47.

Ajzen, I.: From Intentions to actions: A theory of planned behavior. In: Kuhl, J. & Beckmann, J. (Eds.): Action-control: From cognition to behavior. Heidelberg: Springer, 1985, 11–39.

Alaimo, S.J.: A study of factors influencing value preferences in environmental problems of seventh through twelfth grade students. Dissertation. Graduate School of the State University of New York at Buffalo, 1978.

Alaimo, S.J.; Doran, R.L.: Student's Perceptions of Environmental Problems and Sources of Environmental Information. In: The Journal of Environmental Education 1980, 12/1, 17–21.

Amelang, M., Tepe, K.; Vagt, G., Wendt, W.: Mitteilung über einige Schritte der Entwicklung einer Skala zum Umweltbewußtsein. In: Diagnostika, 1977, 23, 86–88.

Arcury, T.A.; Johnson, T.P.: Public Environmental Knowledge: A Statewide Survey. In: The Journal of Environmental Education, 1987, 18, 31–37.

Ash, J.; Shore, B.M.: Conservation behavior as the outcome of environmental education. In: The Journal of Environmental Education, 1975, 6/4, 25–33.

Backhaus, W.; Erichson, B.; Plinke, W.; Weiber, R.: Multivariate Analysemethoden: eine anwendungsorientierte Einführung. Berlin, Heidelberg, New York: Springer, 1990.

Beer, W.; Haan, G. de (Hrsg.): Ökopädagogik. Aufstehen gegen den Untergang der Natur. Weinheim, Basel: Beltz, 1984.

Beer, W.; Haan, G. de: Ökopädagogik – neue Tendenzen im Verhältnis von Ökologie und Pädagogik. In: Calließ, J.; Lob, R.E.(Hrsg.): Praxis der Umwelt- und Friedenserziehung, Bd. 2, Düsseldorf: Schwann, 1987, 32-42.

Berck, K.-H.; Klee, R.: Interesse an Tier- und Pflanzenarten und Handeln im Natur- und Umweltschutz. Frankfurt: Lang, 1992.

Birch, S.K.; Schwaab,K.E.: The effects of water conservation instruction on seventh-grade students. In: The Journal of Environmental Education, 1983, 14, 26–31.

Blum, A.: Effect of an environmental science curriculum on students' leisure time activities. In: Journal of Research in Science Teaching, 1981, 12, 145–155.

Blum, A.: Student's Knowledge and Beliefs Concerning Environmental Issues in Four Countries. In: The Journal of Environmental Education, 1987, 18/3, 7–13.

Bolscho, D.; Eulefeld, G.; Seybold, H.: Umwelterziehung. Neue Aufgaben für die Schule. München: Urban, 1980.

Bolscho, D.: Umwelterziehung in der Grundschule. In: Grundschule 2, 1986a, 16–21.

Bolscho, D.: Umwelterziehung in der Schule. Ergebnisse aus der empirischen Forschung. Kiel: IPN 115, 1986b.

Bolscho, D.: Spiele zur Umwelterziehung. In: Beispiele, 1987a, 3, 28–29.

Bolscho, D.: Umwelterziehung in der Grundschule. In: Calließ, J.; Lob, R.E. (Hrsg.): Praxis der Umwelt- und Friedenserziehung, Bd. 2, Düsseldorf: Schwann, 1987b, 79-87

Bolscho, D.: Empirische Forschung zur Umwelterziehung. In: Bolscho, D.; Eulefeld, G. (Hrsg.): Materialien zur empirischen Forschung in der Umwelterziehung. Kiel: IPN 129, 1989.

Bolscho, D.: Praxis der Umwelterziehung – Ergebnisse empirischer Studien. Vortrag anläßlich der Tagung „Umweltkrise, Umweltbildung und die Zukunft der Schule" in der Evangelischen Akademie Loccum vom 4. bis 6. Juni 1993.

Bortz, J.: Lehrbuch der Statistik. Berlin, Heidelberg, New York: Springer, 1979.

Bortz, J.: Lehrbuch der empirischen Forschung für Sozialwissenschaftler. Berlin, Heidelberg, New York, Tokyo: Springer, 1984.

Boustedt, O.: Grundriß der empirischen Regionalforschung. Bd. III: Siedlungsstrukturen. Hannover: Schrödel, 1975.

Braun, A.: Umwelterziehung zwischen Anspruch und Wirklichkeit. Eine vergleichende Betrachtung theoretischer Erziehungspostulate mit Kenntnissen, Einstellungen und praktizierten Handlungsweisen 15–16jähriger Schüler. Frankfurt a.M: Haag und Herchen, 1984.

Braun, A.: Untersuchungen über das Umweltbewußtsein bei Lernenden im Schulalter. In: Calließ, J.; Lob, R. E. (Hrsg.): Praxis der Umwelt- und Friedenserziehung, Bd. 2, Düsseldorf: Schwann, 1987, 56–63.

Bundesminister des Innern (Hrsg.): Nationaler Bericht über die gegenwärtige Situation der Umwelterziehung in der Bundesrepublik Deutschland. Bad Honnef: 1977.

Bunting, T.E.; Semple, T.M.: The Development of an Environmental Response Inventory for Children. In: Seidel, D.A.; Danford, S.: Environmental Design: Research, Theory and Application. EDRA (Environmental Design Research Ass.), 1979, 10, 271–294.

Bunting, T.E.; Cousins, L.R.: Environmental Dispositions Among School-Age Children. A Preliminary Investigation. In: Environment and Behavior, 1985, 17, 725–768.

Bunting, T.E.; Cousins, L.R.: Development and Application of The "Children's Environmental Response Inventory". In: The Journal of Environmental Education, 1987, 18/3, 3–10.

Burgess, R.L.; Clark, R.N.; Hendee, J.C.: An experimental analysis of anti-litter procedures. In: Journal of Applied Behavior Analysis, 1971, 4, 71–75.

Burrus-Bammel, L. L.: Informations' Effect on Attitude. A Longitudional Study. In: The Journal of Environmental Education 1978, 9, 41–50.

Campbell, D.T.; Stanley, J.C.: Experimental and quasi-experimental designs for research. Chicago: Rand McNally, 1963.

Chapman, C.; Risley, T.R.: Anti-litter procedures in an urban high density area. In: Journal of Applied Behavioral Analysis, 1974, 87, 377–383.

Clauss, G.; Ebner, H.: Grundlagen der Statistik. Thun und Frankfurt a.M.: Harri Deutsch, 1989.

Cobb, E.: The ecology of imagination in childhood. In: Shepard, P.; McKinley, D. (Eds.): The subversive science: Essays toward an ecology of man. Boston: Houghton Mifflin, 1969.

Dannies, I.; Stäudel, L.: Einstellungsänderung durch umweltorientierten Projektunterricht – Ergebnisse fünf Jahre später. In: Härtel, H.: Zur Didaktik der Physik und Chemie. Hannover: Schrödel, 1979, 102–104.

De Haan, G.: Die ökologische Krise als Herausforderung für die Erziehungswissenschaft. In: Jb. für Erziehungswissenschaft, Bd. 4, 1980–1982, Stuttgart 1982, 74–114.

Diekmann, A.; Preisendörfer, P.: Persönliches Umweltverhalten. Diskrepanzen zwischen Anspruch und Wirklichkeit. In: Kölner Zeitschrift für Soziologie und Sozialpsychologie, 1992, 44, 2, 226–251.

Döring, H.: Verantwortungsbereitschaft für Leben, Umwelt, Zukunft als curriculare Bedingung. Eine Einstellungsuntersuchung und Kriteriensammlung. Kassel: Gesamthochschule, 1978 (Diss.).

Dollase, R.: Entwicklungspsychologische Grundlagen der Umwelterziehung. In: Gesing, H.; Lob, R.E. (Hrsg.): Umwelterziehung in der Primarstufe. Heinsberg: Agentur Dieck, 1991, 32–63.

Doran, R.L.: "State of the Art" for Measurement and Evaluation of Environmental Objektives. In: The Journal of Environmental Education, 1977, 9, 50–63.

Doran, R.; Guerin, R.; Sarnowski, A.: Assessing student's awareness of environmental problems. In: The Journal of Environmental Education 1974, 5/4, 14–18.

Eschenhagen, D.: Zum Thema „Artenkenntnis". In: Mitteilungen des Verbandes deutscher Biologen (VDB), 1980, 276, 1279– 1280.

Eschenhagen, D.: Untersuchungen zur Tierkenntnis von Schülern. In: Unterricht Biologie 1982, 68, S. 41–44.

Eschenhagen, D.: Untersuchungen zur Tierkenntnis von Schülern. In: Hedewig, R.; Staek, L. (Hrsg): Biologieunterricht in der Diskussion. Köln: Aulis 1984, 143–156.

Eschenhagen, D.: Anmerkungen zu Konzeptionen der Umwelterziehung. In: Unterricht Biologie 1989, 144, 43–46.

Etschenberg, K.: Welche biologischen Objekte können Schüler beim Übergang in die Sek. I benennen? In: NiU – Biologie 1983, 31, 344–350.

Eulefeld, G.; Kapune, T. (Hrsg.): Empfehlungen und Arbeitsdokumente zur Umwelterziehung – München 1978. Kiel: IPN, Arbeitsberichte, 1979.

Eulefeld, G.; Bolscho, D.; Puls, W. W.; Seybold, H.: Umweltunterricht in der Bundesrepublik Deutschland. Köln: Aulis, 1980.

Eulefeld, G.; Frey, K.; Haft, H.; Isensee, R.; Lehmann, J.; Maassen, B.; Marquard, B.; Schilke, K.; Seybold, H. in Zusammenarbeit mit Bürger, W.; Höhn R.; Kyburz-Graber, R.: Ökologie und Umwelterziehung. Ein didaktisches Konzept. Stuttgart, Berlin, Köln, Mainz: Kohlhammer, 1981.

Eulefeld, G.; Bolscho, D.; Rost, J.; Seybold, H.: Praxis der Umwelterziehung in der Bundesrepublik Deutschland. Kiel: IPN 115, 1988.

Falk, J. F.: Field Trips: A Look at Environmental Effects on Learning. In: Journal of Biological Education, 1983, 17, 137–142.

Fennessey, G. M. et al.: Simulation, gaming and conventional instruction in the teaching of ecology. In: The Journal of Environmental Education, 1984, 5, 21–24.

Fietkau, H.-J.; Kessel, H.: Beiträge aus der Umweltforschung zur Konzeptualisierung einer Strategie zur Hebung des Umweltbewußtseins. In: Fietkau, H.-J.; Kessel. H. (Hrsg.): Strategien zur Hebung des Umweltbewußtseins in der Bevölkerung der Bundesrepublik Deutschland. Berlin: Internationales Institut für Umwelt und Gesellschaft, 1979.

Fietkau, H.–J.; Kessel, H.: Umweltlernen. Veränderungsmöglichkeiten des Umweltbewußtseins. Königstein: Hain, 1981.

Fietkau, H.-J.; Görlitz, O. (Hrsg.): Umwelt und Alltag in der Psychologie. Weinheim: Beltz, 1981.

Fietkau, H.J.: Bedingungen ökologischen Lernens. Gesellschaftliche Aufgaben der Umweltpsychologie. Weinheim: Beltz, 1984.

Fietkau, H.-J.: Umweltbewußtsein. In: Calließ, J.; Lob, R. E. (Hrsg.): Praxis der Umwelt- und Friedenserziehung. Bd. 1. Düsseldorf: Schwann, 1987, 293–299.

Gadenne, V.: Die Gültigkeit psychologischer Untersuchungen. Stuttgart: Kohlhammer, 1976.

Gahl, H.: Über die Formenkenntnis des Primarschülers und seine Einstellung zum Tier. In: Schwartz, E. (Hrsg.): Entdeckendes Lernen im Lernbereich Biologie. Frankfurt a. M.: Arbeitskreis Grundschule e.V., 1973, 155–175.

Gahl, H.: Über die Quellen von Tierkenntnissen bei Grundschülern. In: Arbeiten zum 70. Geburtstag von Prof. Dr. H. Desselberger. Universität Gießen: Institut für Biologiedidaktik, 1977, 89–101.

Garlichs, A.: Kindergedanken über die Natur – Was fängt die Schule damit an? In: Neue Sammlung 1989, 2, 121–130.

Genschel, R.: Biologische Formenkenntnis in der heutigen jungen Generation. In: MNU 1950/51, 1, 1–4.

Gesing, H.; Lob, R.E. (Hrsg.): Umwelterziehung in der Primarstufe. Heinsberg: Agentur Dieck, 1991.

Götte, M.: Lernpsychologische Grundlagen und Anwendungen zur Umwelterziehung. In: Calließ, J.; Lob, R.E. (Hrsg.): Praxis der Umwelt- und Friedenserziehung, Bd. 2, Düsseldorf: Schwann, 1987, 43–55.

Gross, P.M.: An analysis of attitudes, knowledge, and perceptions of elementary school students following participation in a special environmental education program. Dissertation. The University of Iowa, 1977.

Haarmann, D.: Themenbereiche der Umwelterziehung in den Grundschul-Lehrplänen der Bundesländer. In: Schwarz, H. (Hrsg.): Empfehlungen zur Umwelterziehung in der Grundschule. In: Beiträge zur Reform der Grundschule. Bd. 71, Frankfurt: Arbeitskreis Grundschule e.V., 1987, 178–186.

Hart, E.P.: Examination of BSCS biology and nonbiology students'ecology comprehension, environmental information level, and environmental attitude. In: Journal of Research in Science Teaching, 1978, 15, 73–78.

Hays, W.L.; Winkler, R.L.: Statistics. New York: Holt, Rinehart and Winston, 1970.

Hellberg-Rode, G.: Umwelterziehungspraxis im Sach- und Biologieunterricht. In: Eulefeld, G. (Hrsg.): Empirische Studien im Bereich Umwelterziehung – Voraussetzungen, Zwischenberichte, Ergebnisse. Kiel: IPN, 1992, 83–111.

Hines, J. M.; Hungerford, H. R.; Tomera, A. N.: Analysis and Synthesis of Research on Responsible Environmental Behavior: A Meta-Analysis. In: The Journal of Environmental Education 1986, 18/2, 1–8.

Holtappels, H.G.; Hugo, H.- R.; Malinowski: Wie umweltbewußt sind Schüler? Ergebnisse eine Befragung von Schülern der Sekundarstufe I über ihr Verhalten, ihre Einstellungen und ihr Problembewußtsein zum Umweltschutz. In: Die deutsche Schule 1990, 81,224–235

Holtappels, H.G.: Entwicklungslinien gesellschaftlichen Wandels – Konsequenzen für Schule und Unterricht. Vortrag im Rahmen der Schulleitertagung des Niedersächsischen Lehrerfortbildungsinstituts vom 2.-3.12.1991. Manuskript, 1991.

Horvat, R.E.: Fifth and eight grade students' orientation toward the environment and environmental problems. Michigan: University Microfilm, Inc., Ann Arbor 1974.

Howell, D.L.; Warmbrod, J.R.: Developing students attitudes toward environmental protection. In: The Journal of Environmental Education, 1974, 5, 29–30.

Ilien, Gecks, Reissmann, Müller, Wilmer: Umwelterziehung als Herausforderung der Schule. In: Reichel, N. et al.: Umwelterziehung im Spannungsfeld zwischen Umweltpolitik, Naturschtz und Schulwirklichkeit. Bremen: Ökologiestation, 1992, 79–91.

ISB – Institut für Schulpädagogik und Bildungsforschung München (Hrsg.): Handreichungen zur Umwelterziehung in der Grund- und Hauptschule. Bd. I, Grundlagen, Lehrplanbezug, Beispiele für die Jahrgangsstufem 1 bis 4. München: ISB, 1992.

Jaus, H.H.: The effect of environmental education instruction on children's attitudes toward the environment. In: Science Education 1982, 66, 689–692.

Jörg, S.: Kindliche (Medien-)Welten: Zur Integration verschiedener Forschungsansätze. In: DJI (Hrsg.): Medien im Alltag von Kindern und Jugendlichen. München: Deutsches Jugendinstitut, 1988, 175–186.

Kaiser, H.F.; Dickman, K.: Sample and population score matrices and sample correlation matrices from arbitrary population correlation matrix. In: Psychometrica 1962, 27, 179–181.

Karmann, P.; Seidenstücker, G.: Konstruktion eines Fragebogens zur Erfassung internaler und externaler Kontrollüberzeugung bei Vorschulkindern. In: Diagnostica, 1979, 2, 159-169.

Kattmann, U.: Wert und Unwert empirischer Untersuchungen für die Verbesserung des Biologieunterrichts. In: Unterricht Biologie 1983, 85, 41–43.

Klee, R.; Berck, H.-J.: Empirische Untersuchungen zur Auslösung umweltorientierten Handelns. In: Eulefeld, G. (Hrsg.): Empirische Studien im Bereich Umwelterziehung – Voraussetzungen, Zwischenberichte, Ergebnisse. Kiel: IPN, 1992, 217–228.

Klenk, G.: Umwelterziehung in den allgemeinbildenden Schulen. Frankfurt a.M.: Haag u. Herchen, 1987.

Kley, J.; Fietkau, H.-J.: Verhaltenswirksame Variablen des Umweltbewußtseins. In: Psychologie und Praxis, 1979, 23, 13–22.

Knapp, C.: Attitudes and values in environmental education. In: The Journal of Environmental Education 1972, 1/3, 65–74.

Koblinger, D.: Empirische Untersuchungen zum Umweltbewußtsein von Grundschülern und -schülerinnen. In: Eulefeld, G. (Hrsg.): Empirische Studien im Bereich Umwelterziehung – Voraussetzungen, Zwischenberichte, Ergebnisse. Kiel: IPN, 1992, 55–64.

Kohlberg, L.: Stages of moral development as a basis for moral education. In: Beck, C.M.; Crittenden, B.S.; Sullivan, E.V. (Eds.): Moral education: Interdisciplinary approaches. Paramus: Newman Press, 1971.

Koslowski, P.: Risikogesellschaft als Grenzerfahrung der Moderne. Für eine post-moderne Kultur. In: Aus Politik und Zeitgeschichte, 1989, 36, 14–30.

Krol, G.-J.: Elemente eines orginären Beitrags des Faches Sozialwissenschaften zur Umwelterziehung. In: Realschule, 1990, 6, 241–245.

Kultusministerkonferenz (Hrsg.): Umwelt und Unterricht – Beschluß der Kultusministerkonferenz vom 17. 10. 1980. Bonn: KMK, 1980.

Kultusministerkonferenz (Hrsg.): Dokumentationsdienst Bildungswesen. Sonderheft Umwelterziehung in der Schule. Bericht der KMK vom 25. 5. 1982. Neuwied: Luchterhand, 1982a.

Kultusministerkonferenz (Hrsg.): Umwelterziehung in der Schule. Sonderheft. Bonn: KMK, 1982b.

Langeheine, R.; Lehmann, J.: Die Bedeutung der Erziehung für das Umweltbewußtsein. Kiel: IPN 101, 1986.

Larson, M.A.; Zimmerman, D.; Scherer, C.: Communication behavior by environmental activists compared to non-active persons. In: The journal of Environmental Education, 1982, 14, 11–20.

Leidinger, R.P.: Umwelterziehung im Geschichtsunterricht. In: Calließ, J.; Lob, R.E. (Hrsg.): Praxis der Umwelt- und Friedenserziehung, Bd. 2, Düsseldorf: Schwann, 1987, 281–292.

Liere, K. D. V. et al.: Environmental Concern: Does it Make a Difference How it's Measured? In: Environment and Behavior, 1981, 13, 651-676.

Lucas, A.M.: Science and Environmental Education: Pious Hopes, Self Praise and Disciplinary Chauvinism. In: Studies in Science Education 1980, 7, 1–26.

Lynch, K.; Lucashok, A. K.: Some Childhood Memories of the City. In: Journal of American Institute of Planners, 1956, 22, 142–152.

Malinowski, P.; Holtappels, H. G.; Hugo, R.: Umweltschutz – Problembewußtsein, Einstellungen und Verhalten. Düsseldorfer Schüler äußern sich zum Umweltschutz. In: Pädagogisches Institut der Landeshauptstadt Düsseldorf (Hrsg): Umwelterziehung in Düsseldorf. Unterrichtsmaterialien für die Sek. I., Düsseldorf, 1987.

Maloney, M.P.; Ward, M.O.: Ecology: Let's Hear from the People. In: American Psychologist 1973, 28, S. 583–586.

Maloney, M.P.; Ward, M.O.; Braucht, G.N.: A revides scale for the measurement of ecological attitudes and knowledge. In: American Psychologist, 1975, 30, 787–790.

Martens, E.: Philosophie. Umwelterziehung auf neuen Wegen – Aktuelle Entwicklung in den nicht-naturwissenschaftlichen Fächern. In: Beiträge 8, Zentralstelle für Umwelterziehung, Essen, 1987, 26–34.

McKechnie, G.E.: A Study of Environmental Life Styles. Dissertation. The University of California. Berkeley, 1972.

McKechnie, G.E.: Environmental Response Inventory: Preliminary Development. Berkeley, University of California: Institute for Personality Assessment and Research, Unpublished Report, 1977a.

McKechnie, G.E.: The Environmental Response Inventory in Application. In: Environment and Behavior, 9, 1977b, 255–276.

Menesini, M.; Seybold, H.: Umweltschutz in der Schule. Köln: Aulis, 1979.

Michelsen, G.; Siebert, H.: Ökologie lernen. Frankfurt: Fischer, 1985.

Mielke, R.: Eine Untersuchung zum Umweltschutz-Verhalten (Wegwerf-Verhalten). In: Zeitschrift für Sozialpsychologie, 1985, 16, 196–205.

Mikelskis, H.: Zur Ökologisierung des Lernprozesses. In: Seybold, H. & Bolscho, D. (Hrsg.): Umwelterziehung: Bilanz und Perspektiven. Kiel: IPN 134, 1993, 74-80.

Minsel, W.R.; Bente, G.: Pädagogik und Verhaltensmodifikation als Strategie zur Veränderung des Umweltbewußtseins. In: Kessel, H.J.: Umweltlernen. Veränderungsmöglichkeiten des Umweltbewußtseins. Modelle – Erfahrungen. Königstein: Hain, 1981, 149–186.

Mitzlaff, H.: Das Thema Umwelt und Umweltschutz in den gedruckten Materialien für den Sachunterricht in der Grundschule. In: Calließ, J.; Lob, R.E. (Hrsg.): Praxis der Umwelt und Friedenserziehung, Bd. 2, Düsseldorf: Schwann, 1987, 506–522.

Niedersächsischer Kultusminister (Hrsg.): Rahmenrichtlinien für die Grundschule – Sachunterricht. Hannover: Schroedel, 1982.

Nowicki, S.; Strickland, B.R.: A Locus of Control Scale for Children. In: Journal of Consulting and Clinical Psychology, 1973, 88/1, 148-154.

Perkes, A.C.: A survey of environmental knowledge and attitudes of tenth and twelfth grade students from five great lakes and six far western states. Dissertation. The Ohio State University, 1973.

Petri, H.; Boehnke, K.; Macpherson, M.; Meador, M.: Bedrohtheit bei Jugendlichen. In: Psychosozial 1986, 29, 62–71.

Petri, H.; Boehnke, K.; Macpherson, M.; Meador, M.: Zukunftshoffnungen und Ängste von Kindern und Jugendlichen unter der nuklearen Bedrohung. Analyse einer bundesweiten Pilotstudie. In: Psychologie und Gesellschaftskritik 1987, 42/43, 81–105.

Popper, K.R.: Logik der Forschung. Tübingen: Mohr, 1966.

Quinn, R.E.: Using value sheets to modify attitudes toward environmental problems. In: Journal of Research in Science Teaching 1976, 13, 65–69.

Ramsey, C.E.; Rickson, R.E.: Environmental knowledge and attitudes. In The Journal of Environmental Education, 1976, 8, 10–18.

Rat der Sachverständigen für Umweltfragen (Hrsg.): Umweltgutachten 1978. In: Deutscher Bundestag, Drucksache 8/1938.

Raundalen, M.; Finney, O.: Children's and teenager's views of the future. In: International Journal of Mental Health, 1986, 15, 114–125.

Reich, J. W.; Robertson, J. L.: Reactance and Norm Appeal in Anti-Littering Messages. In: Journal of Applied Social Psychology, 1979, 9/1, 91–101.

Richmond, J. M.: A survey of the environmental knowledge and attitudes of fifth grade students in England. Dissertation. The Ohio State University, 1976.

Richmond, J. M.: Some outcome of an environmental knowledge and attitude survey in England. In: Research in Science Education, 1978, 8, 119–123.

Rost, J.: Das Verhältnis von Wissen und Handeln aus kognitionstheoretischer Sicht. In: Häußler, P. (Hrsg.): Physikunterricht und Menschenbildung. Kiel: IPN 130,1991, S. 141–153.

Roth, H.: Pädagogische Anthropologie. 2 Bde. Hannover: Schroedel, 1966.

Rotter, J.B.; Chance, J.; Phares, E.: Application of a social learning theory of personality. New York: Holt, Rinehart and Winston, 1972.

Ruppert, W.: Einsicht in die Gefährdung des Wirtschaftswachstums. Zur Funktion von Umwelterziehung in der Schule. In: Öko päd. Zeitschrift für Ökologie und Pädagogik, 1984, 3, 37–41.

Sarnowski, A.: The Development of a Technique for the Measurement of Values as Applied th Environmental Problems. Dissertation. The University of California. Berkeley, 1975.

Scherf, G.; Bienengräber, B.: Grundkenntnisse über Umweltgefährdung und Umweltschutz bei 9–15jährigen Schülern (Grund- und Hauptschule.). In: MNU, 1988, 41, 419–427.

Schreier, H.: Wege zum Naturschönen. In: Grundschule 1986, 18, 20–22.

Schwarz, H. (Hrsg.): Empfehlungen zur Umwelterziehung in der Grundschule. Frankfurt a.M.: Arbeitskreis Grundschule e.V., 1987.

Senft, J.; Zillessen, D.: Evangelische und katholische Kirche. Umwelterziehung auf neuen Wegen – Aktuelle Entwicklung in den nicht-naturwissensschaftlichen Fächern. In: Beiträge zur Umwelterziehung 8, Essen: Zentralstelle für Umwelterziehung, 1988, 35–45.

Spranger, E.: Types of Men: The Psychology and Ethics of Personality. Halle: Niemeyer, 1928.

Stäudel, L.: Ein Test zur Erfassung der Einstellungen von 12–14jährigen Schülern an Gesamtschulen zum Problemkreis Umweltschutz/Umweltverschmutzung. In: Dahnke, H. (Hrsg.): Zur Didaktik der Physik und Chemie. Hannover: Schrödel, 1975, 199–206.

Stipproweit, A.; Bergemann, A.: Umwelterziehung in der Lehrerausbildung. In: Hellberg-Rode, G. (Hrsg.): Umwelterziehung – Theorie & Praxis. Münster, New York: 1991, 159–193.

Stipproweit, A.; Henneke, N.; Fricke, S.: Zur Situation der Umwelterziehung in Grundschulen. In: Eulefeld, G. (Hrsg.): Empirische Studien im Bereich Umwelterziehung – Voraussetzungen, Zwischenberichte, Ergebnisse. Kiel: IPN, 1992, 113–134.

Stokking, K.M.: Umwelterziehung in den niederländischen Grundschulen: Die aktuelle Politik, ein Forschungsprogramm und die ersten empirischen Daten. Universität Utrecht, Manuskript, 1993.

Swan, J.: Response to Air Pollution: A Study of Attitudes and Coping Styles of High School Youth. In: Environment and Behavior, 1970, 2, 21–28.

Szagun, G.; Mesenholl, E.: Emotionale, ethische und kognitive Aspekte des Umweltbewußtseins bei Kindern und Jugendlichen: eine Pilotuntersuchung. In: Eulefeld, G.; Bolscho, D.; Seybold, H.: Umweltbewußtsein und Umwelterziehung. Kiel: IPN 129, 1991, 37–54.

Thiel, W.: Empirische Untersuchungen in einem Jugendwaldheim. Naturwissenschaften im Unterricht – Biologie, 1980, 31, 150–153.

Thorndike, E.L.: A constant error in psychological rating. In: Journal of applied psychology 1920, 4, 25–29.

Towler, J.; Swan, J.E.: What do people really know about pollution? In: The Journal of Environmental Education, 1972, 4, 54–57.

Trommer, G.: Naturschutz im Biologieunterricht – Begriffsbilder bei Schülern der Primarstufe und Sekundarstufe I. In: Verhandlungen der Gesellschaft für Ökologie 1980, VIII, 503-508.

Tuan, Yi-Fu: Children and the Natural Environment. In: Altman, J.; Wohlwill: Children and the Environment. New York: Plenum, 1978.

Umweltbundesamt (Hrsg.): Sonderheft „Umwelterziehung". Berlin: E. Schmidt, 1981.

UNESCO (Ed.): Environmental Education in the Light of the Tiblisi Conference. Paris: UNESCO, 1980.

UNESCO (Hrsg.): Zwischenstaatliche Konferenz über Umwelterziehung. Tiflis 1977. UNESCO – Konferenzbericht Nr. 4. München: Saur, 1979.

Unterbruner, U.: Umwelterziehung und die Ängste Jugendlicher vor Umweltzerstörung. Universität Salzburg: Habilitationsschrift, 1989.

Unterbruner, U.: Umwelterziehung und die Ängste Jugendlicher vor Umweltzerstörung. In: Eulefeld, G.; Bolscho, D.; Seybold, H. (Hrsg.): Umweltbewußtsein und Umwelterziehung. Kiel: IPN 129, 1991 55–64.

Urban, D.: Was ist Umweltbewußtsein? Exploration eines mehrdimensionalen Einstellungskonstruktes. In: Zeitschrift für Soziologie 1986, 5, 363–377.

Voelker, A.M.; Horvat, R. E.: Elementary school children's views on solving selected environmental problems. In: Science Education, 1976, 60, 353–361.

Weigel, R.H.; Weigel, J.: Environmental Concern. The development of a measure. In: Environment an Behavior, 1978, 10, 3–15.

Weiger, R.H.: Ideological and Demographic Correlations of Pro-Ecology Behavior. In: Journal of Social Psychology, 1977, 103, 39–47.

Weinbrenner, P.: Umwelterziehung im Fach Arbeitslehre und Wirtschaft. In: Calließ, J.; Lob, R.E. (Hrsg.): Praxis der Umwelt- und Friedenserziehung, Bd.2, Düsseldorf: Schwann, 1987, 354–370.

Wellenreuther, M.: Grundkurs: Empirische Forschungsmethoden. Königstein/Ts.: Athenäum, 1982.

Winter, G.: Umweltbewußtsein im Licht sozialpsychologischer Theorien. In: Fietkau, H.J.; Kessel, H. (Hrsg.): Umweltlernen. Königstein: Hain, 1981, 52–116.

Wittmann, G.: Über die Möglichkeit einer Befragung von Kindern – Bedingungen und Probleme. In: DJI (Hrsg.): Medien im Alltag von Kindern und Jugendlichen. München: Deutsches Jugendinstitut, 1988, 159–173.

Anhang

Georg-August-Universität Göttingen
Fachbereich Erziehungswissenschaften
Seminar für Didaktik der Biologie und Geographie
Michael Gebauer

Sehr geehrte Eltern der 3. und 4. Klassen!

Die Umwelterziehung gewinnt auch in der Grundschule immer mehr Bedeutung. Ihr Anliegen ist es, den Schülern durch die Vermittlung von Wissen über unsere Umwelt und ihre Gefährdung umweltbewahrende Einstellungen nahezubringen und konkrete Handlungsmöglichkeiten aufzuzeigen. Es ist bisher allerdings wenig darüber bekannt, in welchem Maße die Schule dies leisten kann.

Aus diesem Grund führen wir, Mitarbeiter der Universitäten Hannover und Göttingen, zur Zeit an zahlreichen niedersächsischen Grundschulen eine Befragung von Lehrern und Schülern zur Umwelterziehung durch. Ziel dieser Befragung ist es, mehr über die Auswirkungen der Umwelterziehung auf Wissen und die Einstellungen der Schüler zu unserer Umwelt und ihrer Gefährdung zu erfahren. Wir möchten Sie hiermit um die Genehmigung zur Teilnahme auch Ihres Kindes bitte.

Die Befragung wurde vom Niedersächsischen Kultusministerium genehmigt, und sie wird von der Schulleitung und dem Kollegium dieser Schule unterstützt. Sie erfüllt die geltenden Datenschutzbestimmungen. Das heißt, sie ist anonym, und es werden keine personenbezogenen Daten erfragt.

Füllen Sie dazu bitte im folgenden Abschnitt aus, ob Sie damit einverstanden sind, daß Ihr Kind an der Befragung teilnimmt, und reichen Sie ihn innerhalb einer Woche an die Klassenlehrerin oder den Klassenlehrer Ihres Kindes weiter.

Mit freundlichem Gruß

Einverständnis-Erklärung

Ich bin damit einverstanden, daß meine Tochter/mein Sohn

_________________ an der Befragung zur Umwelterziehung

teilnimmt: Ja ○ Nein ○

____

Unterschrift des/der Erziehungsberechtigten

Georg-August-Universität Göttingen
Fachbereich Erziehungswissenschaften
Seminar für Didaktik der Biologie und Geographie
Michael Gebauer

Sehr geehrte Frau Kollegin, sehr geehrter Herr Kollege,

anbei schicke ich Ihnen die weiteren Unterlagen zur Durchführung der empirischen Studie zur „Umwelterziehung an niedersächsischen Grundschulen".

Im Einzelnen handelt es sich dabei um:

1) dieses kurze Anschreiben mit Hinweisen zum weiteren Verlauf der Untersuchung;
2) den Lehrer-Fragebogen;
3) einen Umschlag zur Rückgabe des Fragebogens an die Schulleitung;
4) einen Klassensatz Einverständniserklärungen für die Eltern der teilnehmenden Klassen.

Geben Sie den ausgefüllten Fragebogen bitte innerhalb von zehn Tagen an Ihre Schulleitung weiter. Besonders wichtig ist die genaue Bezeichnung Ihrer Klasse (z.B. 3a, 4b) bei der dafür vorgesehenen Frage (Nr. 2) des Fragebogens, da ansonsten bei der Datenauswertung eine Zuordnung der Schüler-Fragebögen zum jeweiligen Lehrer-Fragebogen nicht möglich ist. Ich kann Ihnen versichern, daß diese Angabe – wie im übrigen alle anderen auch – per EDV verschlüsselt und somit anonymisiert wird. Eine weitergehende Verwendung der Daten wird nicht erfolgen.

Wie Sie dem Schreiben des Kultusministers entnehmen können, ist eine derartige Schülerbefragung nur mit dem Einverständnis der Eltern der zu befragenden Schüler gestattet. Zu diesem Zweck habe ich einen Klassensatz Einverständniserklärungen für die Eltern beigefügt. Ich möchte Sie bitten, diese ebenfalls innerhalb der nächsten zehn Tage an die Schüler auszuteilen und die zurückgegebenen Erklärungen aufzubewahren, damit bis zur Schülerbefragung klar ist, wieviele Schüler daran teilnehmen werden.

Ich werde mich zwecks Terminabsprache zur Durchführung der Schülerbefragung an Ihre Schulleitung wenden, sobald alle Lehrer-Fragebögen bei mir eingegangen sind.

Abschließend möchte ich mich auch im Namen von Herrn Prof. Dr. Bolscho sehr herzlich für Ihre Unterstützung des Forschungsvorhabens bedanken und verbleibe bis auf weiteres

mit freundlichen Grüßen

1

Schul-Nummer: Klassen-Nummer:

Lehrerfragebogen für 4. Klassen

Sehr geehrte Frau Kollegin, sehr geehrter Herr Kollege,

Mit dem vorliegenden Fragebogen möchten wir Sie bitten, uns im Rahmen einer Untersuchung zur Umwelterziehung an niedersächsischen Grundschulen einige Auskünfte zu Ihrer Person und zur besonderen Situation in Ihrem Unterricht zu geben.

1) Sie sind **weiblich** ____ **männlich** ____

2) Sie unterrichten die Klasse ______ **(z.B. 3a, 4b) jetzt seit** ______ **Schuljahren.**

a) Gegenwärtig geben Sie in Ihrer Klasse ______ **Wochenstunden.**

b) Sie unterrichten in Ihrer Klasse die Fächer:

a) ____________ b) ____________ c) ____________

d) ____________ e) ____________ f) ____________

3) In welchen Fächern haben Sie Ihr 1. Staatsexamen für das Lehramt abgelegt?

a) ____________ b) ____________ c) ____________

4) In welchem Jahr: 19 ____

2

5) **Haben Sie im Laufe der letzten drei Schuljahre (eine) Arbeitsgemeinschaft(en) mit Themen aus dem Bereich der Umwelterziehung angeboten?**

Nein: ____ Ja, und zwar: ______________________________

____

6) **Haben Sie in den letzten 3 Jahren an Fortbildungsverstaltungen oder Fachtagungen teilgenommen, die in inhaltlichem Zusammenhang mit Umwelterziehung standen?**

Nein: ____ Ja, und zwar:

a) Thema der Veranstaltung: ______________________________

Dauer: __________ Tage Institution/Veranstalter: ______________

b) Thema der Veranstaltung: ______________________________

Dauer: __________ Tage Institution/Veranstalter: ______________

c) Thema der Veranstaltung: ______________________________

Dauer: __________ Tage Institution/Veranstalter: ______________

7) **Haben Sie im Laufe der letzten drei Schuljahre anläßlich einer der folgenden Schulveranstaltungen Umweltthemen angeboten bzw. behandelt?**

Projekttag(e) Nein _____

Ja, und zwar (Thema): ______________________________

Projektwoche(n) Nein _____

Ja, und zwar (Thema): ______________________________

Schulfest/Tag der offenen Tür Nein _____

Ja, und zwar (Thema): ______________________________

8) Führen Sie neben dem Umwelt-Unterricht gegenwärtig eine oder mehrere der folgenden Aktivitäten in Ihrer Klasse durch?

a) Pflege von Pflanzen im Klassenzimmer _____

b) Haltung von Tieren im Klassenzimmer _____

c) Aufhängen von Postern/Bildern zu Umweltthemen _____

d) Auslegen von Sach- bzw. Bilderbüchern zu Umweltthemen _____

e) Mülltrennung und Recycling (z.B. Papier, Aluminium) _____

Weitere hier nicht genannte Aktivitäten: ______________________________

____

9) In manchen Schulen herrscht die Meinung vor, neben der Vermittlung der Kulturtechniken wie Lesen, Schreiben und Rechnen bleibe kaum Zeit für Umwelterziehung. Wie würden Sie Ihre eigene Bereitschaft zur Intensivierung der Umwelterziehung im Rahmen Ihrer unterrichtlichen Möglichkeiten gegenwärtig einschätzen?

Meine Bereitschaft ist gegenwärtig gering groß

1 2 3 4

10) Wie schätzen Sie das Interesse Ihrer Klasse an der Behandlung von Umwelt-Themen gegenwärtig ein?

Das Interesse ist gegenwärtig gering groß

1 2 3 4

11) Mit wie vielen Unterrichtsstunden haben Sie in diesem Schuljahr (1990/91) in Ihrer Klasse folgende Umwelt-Themen behandelt?

	Anzahl Stunden
1) Wir lernen Tiere kennen und und gehen mit ihnen um	_____
2) Freizeiteinrichtungen - Naherholungsgebiete	_____
3) Wir halten und pflegen Pflanzen	_____
4) Wir halten und pflegen Tiere	_____
5) Wir lernen Möglichkeiten der Vermehrung von Tieren Pflanzen kennen	_____
6) Wir vergleichen und gruppieren Tiere und Pflanzen	_____

12) Haben Sie darüber hinaus noch <u>weitere</u> hier nicht genannte Umwelt-themen behandelt? (Falls nötig, bitte Rückseite benutzen!)

Nein:	Ja, und zwar (Thema):	Anzahl Stunden
	7) ______________________________	_____
	8) ______________________________	_____
	9) ______________________________	_____
	10) ______________________________	_____

Falls Sie in diesem Schuljahr (90/91) kein Umwelt-Thema unterrichtet haben und daher bei Frage 11 und 12 keine Angaben machen konnten, ist die Befragung an dieser Stelle für Sie bereits beendet. <u>Ansonsten fahren Sie bitte fort.</u> Die nun folgenden Fragen beziehen sich auf Ihre Angaben zu den Fragen 11 und 12 des Lehrerfragebogens, also auf <u>die von Ihnen in diesem Schuljahr (90/91) im Unterricht behandelten Umwelt-Themen</u>.

14) Wurden einzelne der von Ihnen in diesem Schuljahr behandelten Umwelt-Themen oder Aspekte desselben Themas gleichzeitig in einem anderen Fach bzw. in anderen Fächern behandelt?

Nein ______

Wenn ja, in welchen Fächern? Geben Sie bitte weiterhin an, ob Sie dieses Fach/diese Fächer selbst unterrichtet haben.

Umwelt-Thema Nr.:	Fach/Fächer	Von Ihnen selbst unterrichtet: Ja	Nein
____	____________________	____	____
____	____________________	____	____
____	____________________	____	____

15) Bot sich die Gelegenheit, bei der Behandlung einzelner Themen auf aktuelle und lokale, in der Lebenswelt der Schüler angesiedelte Umwelt-Situationen bzw. -Ereignisse Bezug zu nehmen?

Nein ______

Wenn ja, auf welche:

Umwelt-Thema Nr.:	aktuelle und lokale Umwelt-Situation bzw. -Ereignisse
____	____________________
____	____________________
____	____________________

6

16) **Die Fülle der Lehrpläne führt auch in der Umwelterziehung zu einer inhaltlichen Schwerpunktbildung im Schulalltag. In welchem Maße konnten Sie in diesem Schuljahr (90/91) die folgenden inhaltlichen Aspekte bei der Behandlung von Umwelt-Themen berücksichtigen?**

	Wurde in diesem Schuljahr			
	nicht berücksichtigt			sehr berücksichtigt
a) **Art und Ausmaß von Umweltbelastungen** (lokale und globale Auswirkungen menschlicher Eingriffe auf Luft, Klima, Boden, Wasser, Pflanzen- und Tierwelt und Landschaft).	1	2	3	4
b) **Persönliche Lebensgestaltung und Umwelt** (Konsum- und Freizeitverhalten, Wahl u. Nutzung von Verkehrsmitteln, Resourcenschonung, Abfallverringerung, Recycling)	1	2	3	4
c) **Grundaussagen der Ökologie** (naturnahe und naturferne Öko-Systeme, Belastbarkeit von Öko-Systemen, Vernetztheit von Öko-Systemen, Eigendynamik von Öko-Systemen wie z.B. Verlandung eines Sees)	1	2	3	4
d) **Konflikte zwischen Ökologie und Ökonomie** (z.B. Interessenkonflikte bei Baumaßnahmen, Fremdenverkehr, Energieversorgung)	1	2	3	4
e) **Vielfalt, Eigenart und Schönheit der Natur** (z.B. Arten- und Formenreichtum, Natur als Erlebnis- und Erfahrungsraum)	1	2	3	4
f) **Umweltproblematik verschiedener Lebens- und Wirtschaftsbereiche** (z.B. Energieversorgung, Verkehr, Industrie, Landwirtschaft, Abfallwirtschaft)	1	2	3	4

17) **Welche Reihenfolgen würden Sie persönlich wählen, wenn Sie die in der vorigen Frage genannten 6 Aspekte entsprechend ihrer Bedeutsamkeit für die Umwelterziehung in der Grundschule ordnen sollten? Tragen Sie bitte die entsprechenden Buchstaben hier ein:**

Bedeutsamster Aspekt > Unbedeutsamster Aspekt

_____ _____ _____ _____ _____ _____

18) **Welche der folgenden Aktivitäten haben Sie im Rahmen aller von Ihnen in diesem Schuljahr (90/91) behandelten Unterrichtseinheiten in Ihrer Klasse durchgeführt bzw. durchführen lassen?**

	Kam in diesem Schuljahr			
	nicht vor.			häufig vor.
a) Einrichtung, Nutzung bzw. Pflege von Umweltbereichen (Biotop, Schulgarten, Lehrpfad o.ä.)	1	2	3	4
b) Umwelt- bzw. Naturschutzarbeit (Pflanzaktion, Säuberungsaktion, Artenschutzmaßnahme o.ä.)	1	2	3	4
c) Naturbeobachtungen (Tiere bzw. Pflanzen in ihrem Lebensraum)	1	2	3	4
d) Besichtigung bzw. Erkundung (z.B. Lehrpfad, Museum, Ausstellung)	1	2	3	4
e) Exkursion(en), Unterrichtsgang, Wandertag, Klassenfahrt	1	2	3	4
f) Zusammenarbeit mit außerschulischen Einrichtungen bzw, Institutionen (z.B. Ämter, Förster, Naturschutzverein)	1	2	3	4
f) Öffentlichkeitsarbeit (z.B. (Leser-)Brief, Zeitungsartikel , Informations- bzw. Flugblatt, Info-Stand)	1	2	3	4

g) Untersuchungen in der Natur (z.B. Messung, Experiment)	1	2	3	4
h) Haltung und Pflege von Tieren bzw. Pflanzen in der Klasse	1	2	3	4
i) Teilnahme an einem (Mal-) Wettbewerb (einer Sparkasse, Behörde, Umweltschutzorganisation)	1	2	3	4
j) Sammlung und Auswertung bzw. Bestimmung von Naturobjekten (Blätter, Samen, Früchte, Insekten o. ä,)	1	2	3	4
k) Untersuchung der Schule nach ökologischen Kriterien (z.B. Müllbehandlung, Recycling, Energie- und Wasserverbrauch bzw. -einsparungsmöglichkeiten)	1	2	3	4

19) Sind Ihrer Meinung nach in dieser Befragung wichtige Aspekte, die mit der Umwelterziehung <u>in Ihrem Unterricht</u> in Zusammenhang stehen, nicht angesprochen worden?

Nein Ja, und zwar: ______________________

____

____

____

____

Vielen Dank für Ihre Mitarbeit!

Michael Gebauer

Seite 1

Schul-Nummer: Klasse:

Schüler-Fragebogen

(1) Du bist ein ◯ Junge ◯ Mädchen.

(2) Du bist jetzt ◯ Jahre alt.

(3) Was machst Du in Deiner Freizeit besonders oft und was nicht?

	Das mache ich		
	oft	ab und zu	nie
1. Im Wald eine Bude bauen.			
2. Einen Tierpark oder Zoo besuchen.			
3. Computerspiele oder Telespiele spielen.			
4. Tiere in der Natur beobachten.			
5. Einen Nachmittag mit Freunden Videofilme gucken.			
6. Mit dem Fahrrad durch einen Bach flitzen.			
7. Für ein Tier (oder mehrere) sorgen (z.B. füttern, pflegen) ____________			

Seite 2

(4) Wie oft liest Du folgende Bücher?

	Diese Bücher lese ich		
	oft	ab und zu	nie
a) Comic-Hefte (z.B. Micky Maus, Asterix)			
b) Abenteuer-Geschichten (TKKG, 5 Freunde)			
c) Märchenbücher			
d) Bücher mit Tiergeschichten			
e) Sachbücher über Tiere bei uns und in fernen Ländern			
f) Sachbücher zum Thema Umweltschutz			

(5) Welche der folgenden Spiele habt Ihr Zu Hause? Kreuze sie bitte an!

◯ Schach	◯ Auf Achse	◯ Der Natur auf der Spur
◯ Mühle	◯ Schützt unseren Teich	◯ Ene, mene, Müll

(6) Wie oft schaust Du Dir die folgenden Fernsehsendungen an?

Kreuze bitte an!

	Das schaue ich mir an:		
	oft	ab und zu	nie
a) A-Team			
b) Löwenzahn			
c) Alfred J. Quak			
d) Expeditionen ins Tierreich			
d) Knight-Rider			
e) Logo			
f) Sendung mit der Maus			

Seite 3

(7) Heutzutage hört man viel über Probleme in unserem Land. Welche drei der folgenden Probleme bedrücken Dich am meisten?

Am meisten bedrückt mich das Problem Nummer: ______
Am zweitmeisten bedrückt mich das Problem Nummer: ______
Am drittmeisten bedrückt mich das Problem Nummer: ______

Problem

Nummer:

1 daß viele Menschen im Straßenverkehr verunglücken.

2 daß der Wald durch den sauren Regen krank wird und viele Bäume sterben

3 daß viele junge Menschen Rauschgift nehmen.

4 daß die Luft durch Auto-Abgase immer schmutziger wird.

5 daß es so wenige Abenteuer-Spielplätze für Kinder gibt.

6 daß immer mehr Natur mit Straßen, Häusern oder Fabriken zugebaut wird.

7 daß so viele Menschen ihre Haustiere quälen.

8 daß sich immer mehr giftige Stoffe in unserer Umwelt ansammeln.

(8) Gibt es diese Probleme auch in der Stadt oder dem Dorf, in dem dem Du lebst?

◯ Nein
◯ Ja, bei uns gibt es die Probleme Nummer: ______________

(9) Findest Du, daß in dem Dorf oder der Stadt, in der Du lebst, genug für den Schutz der Umwelt getan wird?

◯ Ja, hier wird genug für den Schutz der Umwelt getan.
◯ Nein, hier wird noch zu wenig für den Schutz der Umwelt getan.

Seite 4

(10) Wer kann Deiner Meinung nach in unserem Land viel und wer wenig für den Schutz unserer Umwelt tun? Kreuze bitte an:

	Kann viel tun	Kann wenig tun	Kann gar nichts tun
a) Umweltschutz-Vereine (z.B. Greenpeace)			
b) Unsere Regierung und der Umweltminister			
c) Ein Kind in Deinem Alter, z.B. Du selbst			
d) Erwachsene, also z.B. Deine Eltern			
e) Die Polizei			

(11) Im eigenen Garten kann man einiges für den Naturschutz tun, man kann der Natur aber auch schaden. Was nützt und was schadet der Natur?

Kreuze bitte an!

	Das nützt der Natur	Das schadet der Natur	Weder, nocht
1. Wenn im Herbst das Laub zusammengeharkt und verbrannt wird.			
2. Wenn der Boden unter Büschen und Bäumen regelmäßig von Unkraut befreit wird.			
3. Wenn ein Stückchen Rasen nur noch zweimal im Jahr gemäht wird.			
4. Wenn im Bäumen Nistkästen für Singvögel aufgehängt werden.			
5. Wenn Blumen und Büsche gegen Blattläuse gespritzt werden.			
6. Wenn alle Algen in einem Gartenteich entfernt werden.			

Seite 5

(12) Was hast <u>Du selbst</u> schon alles getan? Kreuze bitte an!

	Das habe ich		
	noch nie getan.	ab und zu getan.	schon oft getan.
a) Müll nicht in die Natur, sondern in eine Mülltonne geworfen			
b) Nistkästen für Vögel gebaut oder aufgehängt			
c) Schulhefte aus Umweltschutzpapier benutzt			
d) Im Winter draußen Vögel gefüttert			
e) Batterien benutzt, die man wieder aufladen kann (Akkus)			
f) Getränke (Fanta, Cola) in Dosen gekauft			
g) Altglas oder Altpapier zu Sammelstelle gebracht			
h) Schulbrote in Alu-Folie eingepackt			
i) Einen Teich gegraben und bepflanzt			
j) In einer Umweltschutz-Gruppe für Kinder mitgemacht			
k) bei der Gartenarbeit mitgeholfen			
l) ein eigenes Stückchen Garten angelegt und bepflanzt			
m) Batterien in die Mülltonne geworfen			

Seite 6

(13) Sortiere den Müll in die richtigen Mülltonnen! Schreibe dazu die Nummern in die jeweilige Mülltonne! Aber aufgepaßt: Drei Dinge gehören in keine der vier Tonnen. Welche?

Papier-Tonne	Glas-Tonne	normale Mülltonne	Kompost-Tonne	sonstiger Müll

1 Alu-Folie	2 Eierschalen	3 Laub	4 Weinflaschen
5 Zeitungspapier	6 Papp-Kartons	7 Joghurt-Becher	8 Batterien
9 Lackfarben	10 Getränke-Dosen	11 Apfelschalen	12 Plastiktüten

(14) **Was wird mit dem Müll gemacht, nachdem die Müllmänner ihn abgeholt haben?**

Wenn Du es nicht weißt, mache einen Strich!

Der Müll in der **Papier-Tonne** wird:

____

Der Müll in der **Glas-Tonne** wird:

____

Der Müll in der **normalen Mülltonne** wird:

____

Der Müll in der **Kompost-Tonne** wird:

____

Seite 7

(15) Was bedeuten diese drei Zeichen? Wenn Du es nicht weißt, mache einen Strich

(1) (2) (3)

Zeichen (1) bedeutet: ______________________________

Zeichen (2) bedeutet: ______________________________

Zeichen (3) bedeutet: ______________________________

(16) Viele Tierarten brauchen einen ganz bestimmten Lebensraum. Zum Beispiel wohnt das Reh im Lebensraum Wald.

Welchen Lebensraum brauchen folgende Tiere? Kreuze bitte an!

	Wald	Blumenwiese	See/Teich
a) Libelle			
b) Hummel			
c) Erdkröte			
d) Buntspecht			
e) Eisvogel			
f) Heuschrecke			
g) Kleiner Fuchs			
h) Borkenkäfer			
i) Hecht			
j) Gelbrandkäfer			

Seite 8

(18) Schreibe zuerst die **Namen der Tiere** von **Seite 1 und 2** auf und entscheide dann, ob das Tier ein Nützling oder Schädling in unseren Gärten ist.

Wenn Du das Tier nicht kennst, mach einen Strich.

Bild - Nummer	Nützling	Schädling	Weder, noch
1:			
2:			
3:			
4:			
5:			
6:			
7:			
8:			
9:			
10:			
11:			
12:			

(19) Findest Du es richtig, daß manche Menschen die Tiere **bekämpfen**, die in Gärten Schaden anrichten können? Kreuze nur eine Antwort an!

◯	**Nein.** Ich finde, alle Tiere haben das **Recht zu leben**, also auch solche, die in Gärten Schaden anrichten können.
◯	Ja. Ich finde, wir sollten **alle Tiere bekämpfen**, die im Gärten Schaden anrichten können.
◯	Ja. Aber ich finde, wir sollten **nur einige der Tiere bekämpfen**, die in unseren Gärten Schaden anrichten könnten, und zwar die Tiere Nummer: ______________________

Seite 9

(20) Einige Tiere auf den Seiten 6 und 7 stehen bei uns in Deutschland unter Naturschutz, weil sie immer seltener werden und deshalb vom Aussterben bedroht sind. Schreibe zuerst die Namen der Tiere auf und entscheide dann, ob sie unter Naturschutz stehen. Wenn Du das Tier nicht kennst, mache wieder eine Strich.

Bild - Nummer	Steht unter Naturschutz	
	Ja	Nein
13:		
14:		
15:		
16:		
17:		
18:		
19:		
20:		
21:		
22:		
23:		
24:		

(21) Warum sind viele dieser Tierarten bei uns in den letzten Jahren immer seltener geworden? Kreuze <u>nur eine Antwort</u> an!

○	Weil viele dieser Tiere von anderen Tieren, die ihre Feinde sind, verfolgt und aufgefressen werden.
○	Weil immer mehr von dem besonderen **Lebensraum**, den diese Tiere brauchen, zerstört wird und sie nicht mehr genug Nahrung finden.
○	Weil durch den **"Sauren Regen"** immer mehr giftige Stoffe in die Umwelt gelangen und viele Tiere daran sterben.

1

2

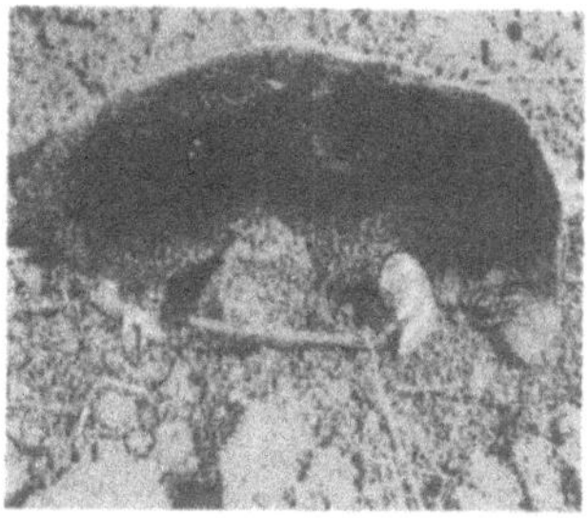

3

4

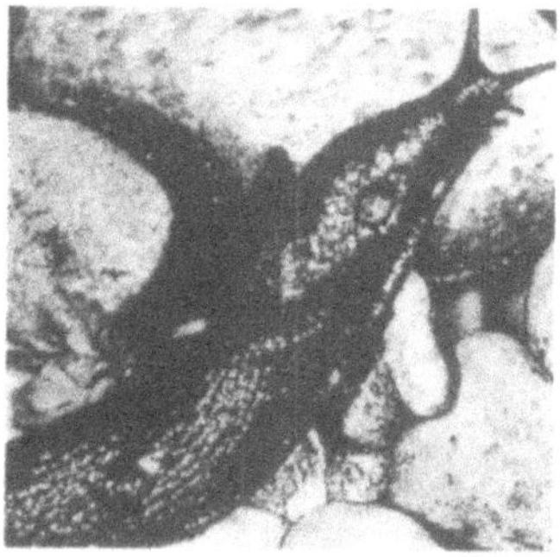

5

6

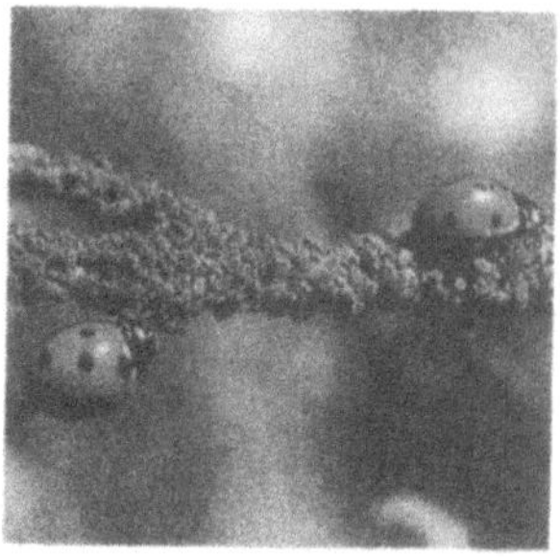

7

8

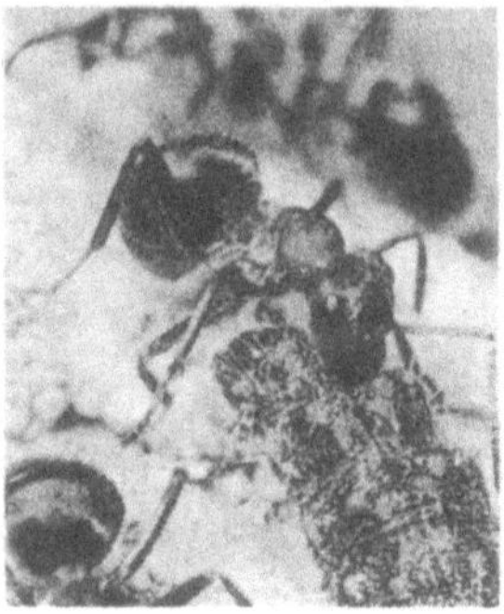

9

10

11

12

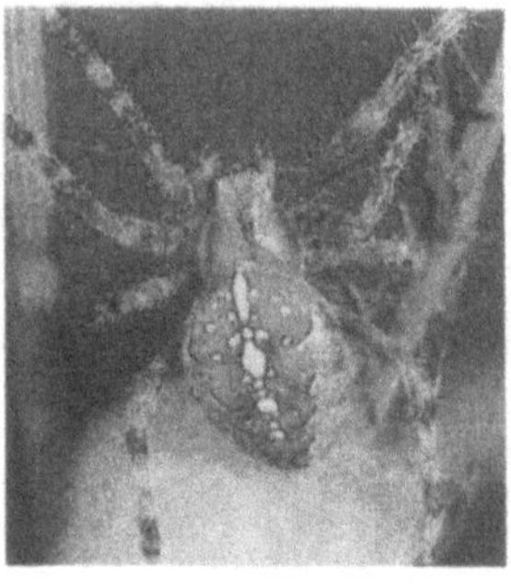

13

14

15

16

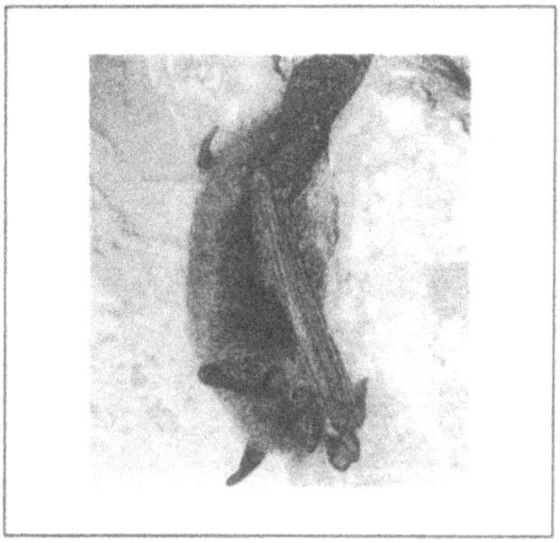

17

18

19

20

21

22

23

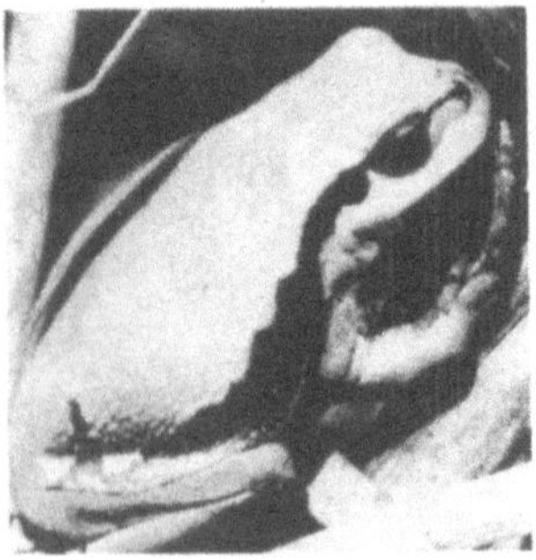

24

Gisela Szagun; Elke Mesenholl; Martina Jelen

Umweltbewußtsein bei Jugendlichen
Emotionale, handlungsbezogene
und ethische Aspekte

Frankfurt/M., Berlin, Bern, New York, Paris, Wien, 1994. 187 S., zahlr. Tab. u. Graf.
ISBN 3-631-46234-4 br. DM 64.--*

Dies ist eine der ersten empirischen Untersuchungen zum Umweltbewußtsein bei Jugendlichen aus Sicht der Psychologie. Es wurde eine umfangreiche Fragebogenstudie mit 830 Jugendlichen durchgeführt und untersucht, was Jugendliche über Umweltzerstörung fühlen, welche ökologische Handlungsbereitschaft und welche ethische Einstellung sie zur Natur haben. Es wurde auch gefragt, wie Jugendliche mit Erwachsenen über Umweltthemen kommunizieren und welchen Natur- und Umweltbegriff sie haben. Während geschlechtsspezifische Unterschiede im Umweltbewußtsein dominieren, sind Unterschiede in Abhängigkeit von Alter und Schultyp weniger wesentlich. Das stärkere Umweltbewußtsein bei weiblichen Jugendlichen legt nahe, daß umweltgerechtes Verhalten im Bereich des prosozialen Verhaltens einzuordnen ist.

Aus dem Inhalt: Angst vor Umweltzerstörung, Traurigkeit und Wut, aber keine Hoffnungslosigkeit · Persönliche und politische Handlungsbereitschaft · Behutsamkeit im Umgang mit der Natur · Mäßige Kommunikation mit Erwachsenen über Umweltthemen

Peter Lang Europäischer Verlag der Wissenschaften
Frankfurt a.M. • Berlin • Bern • New York • Paris • Wien
Auslieferung: Verlag Peter Lang AG, Jupiterstr. 15, CH-3000 Bern 15
Telefon (004131) 9411122, Telefax (004131) 9411131
- Preisänderungen vorbehalten - *inklusive Mehrwertsteuer

Printed by
CPI books GmbH, Leck

Kolibri 360 GmbH
Ferdinand-Jühlke-Straße 7
99095 Erfurt, Deutschland
produktsicherheit@kolibri360.de